KB199424

건축으로 미학하기

이상현

Parthenon

Pantheon

Cappella dei Pazzi

Abbaye Saint-Philibert de Tournus

Aesthetics through Architecture

건축으로 미학하기

이상현

Cathédrale Notre-Dame de Paris

Le Panthéon de Paris, dessiné par Durand

Victoria and Albert Museum

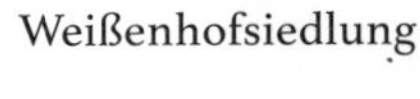

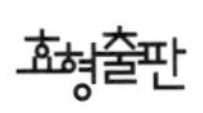

목차

프롤로그 6

들어가며 14

건물 형태를 결정하는 요소

건축 미학이 시작되는 지점

1 파르테논 신전 **22**

완벽한 비례를 강조한 이유

실재와 이상, 무엇을 택할 것인가

시대를 앞서 등장한 아리스토텔레스

2 로마 판테온 **46**

빛과 어둠만 가득한 만신전

그리스와 로마가 섞인 발명품

완전한 원형과 플로티노스의 일자론

3 성 필리베르 수도원 **66**

투박함과 세련미는 어디서 온 걸까

신을 경배하기 위해 만든 압도적인 공간

플로티노스가 끼워준 플라톤의 색안경

4 파리 노트르담 대성당 **86**

건축물이 높아지면 얻는 것들

비로소 보이는 내부 장식들

아퀴나스가 소환한 아리스토텔레스

5 파치 예배당 **108**

간결한 외관 그 너머

브루넬레스키는 무엇을 의도했을까

다시 등장한 플라톤의 이데아

6 **일 제수 성당** 128
묘하게 변형됐지만, 그래도 어울리게
변화무쌍하게 흘러가는 공간
회화적 화려함 뒤 아리스토텔레스

7 **뒤랑의 파리 판테온** 154
신과 멀어지는 인간
평등하고 차별 없는 공간을 위하여
칸트의 순수이성비판에 영향받은 뒤랑

8 **빅토리아 앨버트 뮤지엄** 180
이슬람 양식과 영국적인 요소의 만남
질서보다 우선한 부르주아의 취향
상대주의의 길을 연 흄

9 **바이센호프 주택단지** 204
사회주의적 경향이 스며든 모더니즘
백 년 전, 하얀 빈 벽의 의미
흄에서 칸트로, 그 안의 플라톤

10 **시애틀 도서관** 228
직육면체·구·원·삼각형도 아닌 형태
배제된 기능적 요구와 표준화
아리스토텔레스의 주장은 여전히 유효하지만

에필로그 246
참고문헌 254
사진 저작권 263

프롤로그

아주 오래전 기억이다. 선배 건축가들과 회식 자리가 있었다. 건축가들이 모이면 언제나 건축 얘기를 하게 된다. 어떤 건물이 좋더라, 한번 가봐라, 또는 어떤 건물은 좀 실망스럽더라, 굳이 시간과 돈을 들여서 볼만하진 않은 것 같다….

나이 차가 20년 가까이 나는 선배들이라 조용히 듣고만 있었다. 한자리 차지하고 있지만 아무 말도 못 하는 후배에게 어느 선배가 기회를 주려는 듯 물었다.

"자네는 어떤 건물이 좋은가?"

이럴 때 뭔가 생각이 있는 사람처럼 보이려면 질문이 끝나자마자 '저는 이런 건물이 이래서 좋습니다'라고 해야 했는데, 한참을 머뭇거렸다. 딱히 마음속에 정해둔 좋은 건물이 없었기 때문이다. 자리에 있는 모든 이가 나를 재촉하듯 지그시 쳐다보았다. 곧 이들의 눈꼬리가 치켜 올라갈 것 같았다.

문득 한 건물이 떠올랐다. 당시에는 보기 힘든 곡면 형태의 건물이었다. 그 빌딩을 언급했다. 내가 좋게 평가하는 건물이라고.

그 순간, 힐난이 사방에서 쏟아졌다. 너는 그걸 좋은 건축이라고 얘기하느냐? 보는 눈이 의심스럽다는 둥. 이제 곧 '너 학교에서 뭘 배웠어?' 라고 물어볼 것 같은 표정들이었다. 그 자리에 동석한 이들, 적어도 나를 빼놓고는 모두가 '좋은 건물은 이런 것이다'라는 분명한 기준을 공유하고 있는 듯했다. 그들과 나는 서로 다른 것을 아름답다고 생각하는 게 틀림없었다. 미적 감수성에 세대 차이가 있나 싶은 생각이 들었다.

그 회식 자리 이후 20년쯤 지났을까. 같은 자리에 있었던 한 분으로

대화 도중 머릿속에 떠오른 곡면 형태의 건물

부터 전화가 왔다.

"이 교수, 나 건축 그만둘까 하네."

이건 또 무슨 뜬금없는 얘기인가. 속뜻을 제대로 파악하려면 뒷말을 좀 들어봐야 한다.

"나 이제 도시설계를 전업으로 할까 해."

처음보단 구체적인 상황 설명이었지만, 지금까지도 무슨 얘기인지는 정확히 이해할 수 없다. 이어지는 대화, 솔직히 대화라기보다는 일방적인 화풀이 속에서 진의를 알 수 있었다. 요즘 세상엔 건축가면 다 같은 건축가라고 생각한다는 것이 그의 불만인 듯했다. 그의 머릿속에는 훌륭한 건축을 하는 사람과 그렇지 못한 사람의 구분이 명확한데, 이제는 건축가 타이틀을 붙이고 다니는 모든 사람이 자기가 제일 잘났다고 생각한다고. 이 모든 것이 건축설계에 정답이란 없다는 생각 때문이란다. 반면, 도시설계에는 정답이 있다는 것이고. 정답을 제시할 수 있는 사람과 그렇지 못한 사람의 우열은 분명히 가릴 수 있다. 그래서 도시설계를 전업으로 하겠다는 말이었다.

일관성이 보인다. 20년 전이나 지금이나 그의 머릿속에는 좋은 건축과 그렇지 못한 건축을 구분하는 명확한 기준이 있다. 나를 포함한 대다수가 지니지 못 한. 내가 지금 '못 한'이라고 표현했지만, 이 표현은 좀 틀린 것 같다. 나를 비롯한 적지 않은 사람이 쉽사리 동의하기 어렵다는 표현이 더 적절하다.

20년 전과 비교하면, 현재는 확실히 좋은 것과 덜 좋은 것을 구분하는 기준이 많이 느슨해졌다. 보기에 좋은 것은 쉽게 아름다운 것으로, 보기에 덜 좋은 것은 아름답지 못한 것으로 치환된다. 내가 아름답다고 생각하는 것을 다른 이도 그렇게 여기리라 장담하기 어렵다. 입장을 바꿔도 마찬가지다. 다른 이들이 아름답다고 판단하는 것이 나의 기준에는 그렇지 않을 수 있다. 아름다움은 이제 매우 상대적인 것이 되었다. 한 가지 덧붙여야 할 것이 있다. 20년 전쯤이라고 해서 아름다움의 기준이 누구나 동의할 수 있을 정도로 분명했던 것은 아니라는 점이다. 견고함에 차이가 있는 정도다. 견고함보다는 완고함이라는 표현이 더 맞을 수도 있겠다.

생각해 보게 된다. 그 선배들과 나는 어째서 다른 미적 판단 기준을 지니게 되었을까? 한 가지 질문을 더 해보자. 그들은 어떻게 스스로의 기준을 자신 있게 말할 수 있었을까?

현재는 변기가 주는 미적 감동을 논하는 시대다. 눈·코·입이 엉뚱한 자리에 돌아가 붙은 사람 얼굴을 보며 미적 감동을 운운한다. 고양이가 그렸는지 사람이 그렸는지 구분하지 않고 물감을 그냥 흩뿌린 것 같은 그림에서 미적 감동이 우러나온다고 주장한다. 이제 미적 감동을 주는 객체로서의 예술작품은, 그 형태가 주는 아름다움보다는 예술작품이 놓이는 상황 속에서 보여주는 기발함으로 더 평가되는 세상이다. 시각적 아름다움은 기발함에 압도된다. 이런 상황은 재현 예술의 위기, 때로는 포스트모더니즘으로 설명되기도 한다. 추상예술이 극성을 부린다. 혹자는 추상예술을 사기라고 하지만, 대중은 그런 사기에 적극적으로 동참한다. 예술가와 대중이 공모하는 듯싶다.

이런 상황은 건축에서도 마찬가지다. 비례·균형·대칭 등등. 미를 구성하는 형식적인 요소의 가치는 부인된다. 이제는 아테네 파르테논 신전의 형태가 아름답다고 아무도 자신 있게 말하지 못한다. 파르테논이 미를 구성하는 형식적 요소들을 완벽하게 구현한 작품이라고 말할 수는 있어도, 그래서 그것이 아름답다고 할 수는 없다.

균형은 깨져야 하고, 대칭 또한 인정되지 않는다. 익숙한 비례는 타파해야 할 적이 된다. 우리가 흔하게 보아오던 직육면체 형상은 그대로 있어서는 안 된다. 직육면체는 찌그러지거나 조각나든지, 최소한 삐뚤빼

뚤이라도 해야 한다. 뭐가 뭔지 모를, 그래서 비례나 대칭이나 균형을 벗어나는 곡면 형상이 유행한다. 재현보다는 추상적 형태가 주류를 이룬다. 추상예술이 사기라고 주장한다면 건축에서도 비슷한 주장이 가능할 것도 같다. 하지만 대중은 추상적 형태의 건물에 호응한다. 여기서도 건축가와 대중은 공모한다.

20년 전과 현재는 아름다움에 대해 다르게 말한다. 나와 그 선배들이 다르게 말하는 것처럼. 앞으로 20년 후는 또 어떨까? 우리는 여전히 미적 상대주의 입장에서 예술작품의 가치를 지금과 같은 방식으로 평가하고 있을 것인가? 그럴 것 같기도, 아닐 것 같기도 하다. 내가 20년 후에 관심을 둔 것은 정말로 20년 후가 궁금해서가 아니다. 현재 상황에 대한 의문 때문이다. 20년 후에도, 2백 년 후에도 지금과 같은 미적 상대주의가 여전하다면, 현시대 우리의 태도는 틀리지 않았다는 것이고, 그렇지 않다면 그저 우리 세대만의 관점으로 봐야 한다.

미적 절대주의도, 상대주의도 서로에게 배타적일 필요가 없다. 그것이 상충한다면 오로지 같은 공간과 시간 속에 둘이 공존할 때뿐이다. 시공간이 다르면 미적 절대주의와 상대주의는 있는 그대로 받아들여질 수 있다. 여기서 의문점이 생긴다. 20년 전이 적어도 현재와 비교할 때 미적 절대주의에 치우쳐 있었다면, 그에 비해 현재가 미적 상대주의 쪽으로 기울어 있다면, 미학의 역사는 절대주의에서 상대주의로 발전한 것인가? 아니면 절대주의에서 상대주의로 잠시 이동한 것일까? 미적 상대주의 안에 미적 절대주의가 포함되는 것은 아닐까?

나는 이런 의문을 풀어보고 싶었다. 이럴 때 흔히 사용하는 방법이 있다. 역사 추적이다. 과거로부터 현재까지 미적 절대주의와 상대주의가 어떻게 나타났는가를 알아보면 나의 의문을 풀 수 있을 것이다. 인간의 미적 판단이 절대주의에서 상대주의로 발전한 것이라면 역사는 단선적으로 발전한다는 입장과 그 궤를 같이한다. 헤겔의 이름이 떠오른다. 우리의 미적 판단이 절대주의에서 상대주의로 잠시 옮겨 온 것이라면 역사는 반복된다는 입장이나 마찬가지다. 토인비의 주장이다. 이제 헤겔과 토인비 중 누구의 주장이 맞는 것인지 알고 싶어졌다. 그래서 역사를 뒤져 보기로 했다.

이 책이 현세대가 보여주는 미적 상대주의를 규명하고,
앞날을 예측하는 데에 귀중한 밑거름이 되길 바란다.

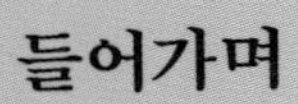
들어가며

건물 형태를 결정하는 요소

건물의 형태를 결정하는 요소가 있다. 여기서 중요한 것은 '결정'한다는 단어다. 글자 그대로 건물의 형태를 결정짓는다. 기후·재료·기술·경제력 등, 이 요소들과 관련해서는 별다른 선택의 여지가 없다. 요구하는 바에 따를 수밖에 없는 조건을 뜻한다. 그렇게 될 수밖에 없는 형태에 미학이 개입할 여지는 없다. 여기까지는 건축 미학이 일을 시작하기 전이다.

기후부터 알아보자. 비나 눈이 문제다. 비가 많이 오는 곳이라면 지붕 경사가 급해진다. 빗물을 빠르게 흘러내리게 해야 하기 때문이다. 강수량이 많은 지역의 지붕은 그래서 뾰족해진다. 눈도 지붕 모양에 영향을 준다. 눈이 쌓이면 보기보다 엄청 무겁다. 쌓인 눈의 무게로 건물이 무너지는 경우도 종종 있다. 유럽 대륙의 알프스 지방에 가면 모두 뾰족지붕이다. 눈이 쌓이지 않고 바로 쓸려 내려가도록 하기 위해서다.

구할 수 있는 재료와 가공 기술에 따라서도 건축 형태가 제법 달라진다. 세상에 다양한 형태의 집이 있지만 뼈대(구조)를 기준으로 보면 둘로

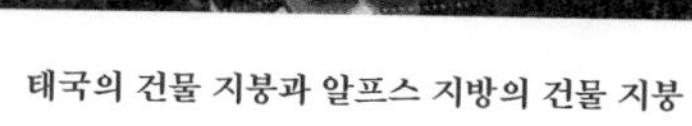

태국의 건물 지붕과 알프스 지방의 건물 지붕

그리스의 신전과 중동의 흙벽돌로 쌓은 건축물

나뉜다. 하나는 가구식이고, 다른 하나는 조적식이다. 전자는 그리스 신전을 생각하면 된다. 그리스에는 좋은 돌이 많았다. 돌기둥을 세우고 돌로 만든 보로 기둥을 연결해 내부 공간을 만든다. 후자의 대표는 중동 지역의 흙벽돌 집이다. 기둥이나 보로 사용할 수 있을 만큼 긴 돌을 구하기 어려운 중동에서는 벽돌 같은 작은 부재를 켜켜이 쌓아 집을 짓는다. 이 구조에서는 창문과 지붕을 만들기 위해 특별한 구조 기술이 발달했다. 아치와 돔이다. 이로 인해 가구식과 조적식은 외관에서 큰 차이를 보인다.

재료와 기술이 건축 형태에 영향을 미친다고 설명할 때 빼놓을 수 없는 것이 있다. 콘크리트다. 콘크리트는 물이 새지 않는 재료다. 이것으로 지붕을 만들면 지붕에 경사를 둘 필요가 없다. 평지붕이 가능하다. 전 세계 어딜 가나 평지붕이 많이 보인다. 평지붕을 쓰면 건물 형태는 자연히 직육면체가 된다. 흔히 성냥갑이라고 하는 건물 형태는 콘크리트 때문에 생겨났다.

벨 에포크 사례인 마블 하우스[1]와 근대건축 사례인 리트펠트 슈뢰더 하우스

재료와 기술이 있다고 누구나 다 원하는 것을 할 수 있는 것은 아니다. 반드시 돈이 있어야 한다. 경제력이 건물 형태를 결정한다. 대표적인 사례를 들자면 절충주의 건축과 근대건축의 비교다. 1800년대 말, 왕과 귀족을 제치고 사회의 주도 세력으로 부상한 부르주아는 돈이 많았다. 이들은 소위 벨 에포크(Belle Époque)에 화려한 건축을 선보였다. 반면, 제1차 세계대전 이후, 전후 복구 사업이 가장 중요했던 시기에 등장한 근대건축은 더 많은 공간을 제공하는 것이 목표였다. 비싸게 지을 수 없었다. 한정된 자원은 장식 없는 소박한 형태의 건축을 지향하게 했다.

건축 미학이 시작되는 지점

이제까지 건물 형태를 결정하는 요소들에 관해 얘기했다. 여기서 눈여겨 봐야 할 것은 건축 형태를 '결정'한다고 했다는 점이다. 영향을 준 것이 아니고, 결정했다는 표현에 유의해야 한다. 지금까지 거론한 기후·재료·기술·경제력은 실상 영향을 미치는 정도가 아니라 건물 형태를 말 그대로 결정한다. 이들이 허용하지 않는 형태는 제아무리 멋지더라도 구현할 수 없다.

지금부터 얘기하려는 것은 건물 형태에 영향을 미치는 요소다. 이런 요소들은 혼란스러울 정도로 많다. 예를 들면 관습이나 규율이 있다. 때로 법도 있다. 혹은 건물 안에서 행해지는 의례가 영향을 미치기도 한다. 개인이나 집단의 선호도 있다.

다만 이것들은 정도에 차이가 있다. 법이라면 이는 영향을 미치는 정도가 아니다. '결정'에 가깝다. 물론 법적 요건을 충족하는 물리적 형태가 딱 하나만 가능한 것은 아니니 기후·재료·기술·경제력과 같은 정도로 건축 형태를 결정하는 것은 아니다. 법의 반대편 극단에는 개인 선호가 있다. 이것이 건물 형태에 영향을 미치는 것은 분명하지만, 그 정도를 고려하자면 다른 요소에 비해 가장 미미하다. 선호라는 것이 고정불변도 아니고, 또한 건물 형태를 아주 구체적으로 규정하는 것도 아니기 때문이다.

건물 형태에 영향을 미치는 요소들이 혼란스럽게 많기는 하지만 이들을 하나의 단어로 포괄해 볼 수 있다. 문화다.[2] 기후·재료·기술·경제력이 건물 형태의 많은 부분 결정하고 난 다음, 문화가 영향을 미친다. 문화는 기후·재료·기술·경제력이 허용하는 다양한 선택지 중에서 어느 하나를 고르는 기준 역할을 한다. 어떤 문화에 속해 있느냐에 따라 선택이 달라진다. 문화와 선택의 관계에 관심을 두는 순간이 건축 미학이 제 일을 시작하는 지점이다.

문화가 특정한 건축 공간과 형태에 대한 선호로 이어지는 과정에는 특징적인 두 단계가 있다. 첫째, 문화가 다르면 눈에 보이는 것 자체가 달라진다. 예를 들어보자. 물고기가 들어 있는 어항을 관찰하는 실험이 있었다. 문화권에 따라 보는 것이 달랐다. 서양인은 어항 속 물고기에 집중한 반면, 동양인은 어항 생김새에 관심을 더 주었다.[3] 둘째, 문화가 다르면 같은 것에도 다른 가치를 부여한다. 이번에도 동서양 비교가 효과적이다. 흔히 개인주의는 두 문화권에서 다르게 평가된다. 서양에서는 그것의 가치를 동양보다 높게 평가한다.[4] 어떤 문화를 수용하고 있느냐에 따라, 같은 건축물이라도 다르게 보고 달리 평가한다.

같은 것을 보아도 다르게 본다는 것, 같은 것이지만 다른 가치를 부여한다는 것은 색안경을 쓰고 보는 상황으로 비유할 수 있다. 각 시대의 사람들은 그들만의 색안경을 끼고 건물을 바라본다. 그들은 자신이 끼고 있는 안경이 허용하는 색깔 외의 것은 보지 못한다. 같은 건물을 보아도 파란색 안경을 낀 사람은 파랗게, 빨간색 안경을 낀 사람은 빨갛게 볼 것이다. 우리는 인식 차원에서 그 사람들이 끼고 있는 안경알의 색깔을 살펴볼 것이다.

색안경의 힘은 단지 보이는 것 자체에만 영향을 미치지 않는다. 보이는 것의 가치 판단에도 관여한다. 적외선 영역을 볼 수 있는 색안경을 낀 특정 시대의 사람들은 물체가 발산하는 온열감에 더 민감하게 반응할 것이다. 이들이라면 건물을 이렇게 표현할 것이다.

"이 건물은 따뜻하네."

그래서 아늑하고 편안하다고. 이들은 틀림없이 아늑함이나 편안함에 가치를 더 둘 것이다. 앞으로 우리는 인식을 넘어 미학 차원에서 그 사람들이 끼고 있는 안경을 살펴볼 것이다.

앞으로 책에서는 고대 그리스 시대부터 현대에 이르기까지 특징적인 양식으로 구분되는 시대별로 당대인들이 어떤 색안경을 끼고 있었는지를 알아볼 것이다. 각 시대의 사람들이 끼고 있던 안경알의 제원을 분석함으로써 그들이 '무엇을' 보았고, 그것에 어떤 가치를 부여했는지 살펴보려고 한다. 무엇을 보았는지를 살펴보기 위해 인식론의 영역에 들어갈 것이다. 동일한 형태에 다른 가치가 부여되는 상황을 이해하기 위해 미학의 영역에도 들어갈 것이다.

이제부터 건축 미학 여행을 시작해 보자.

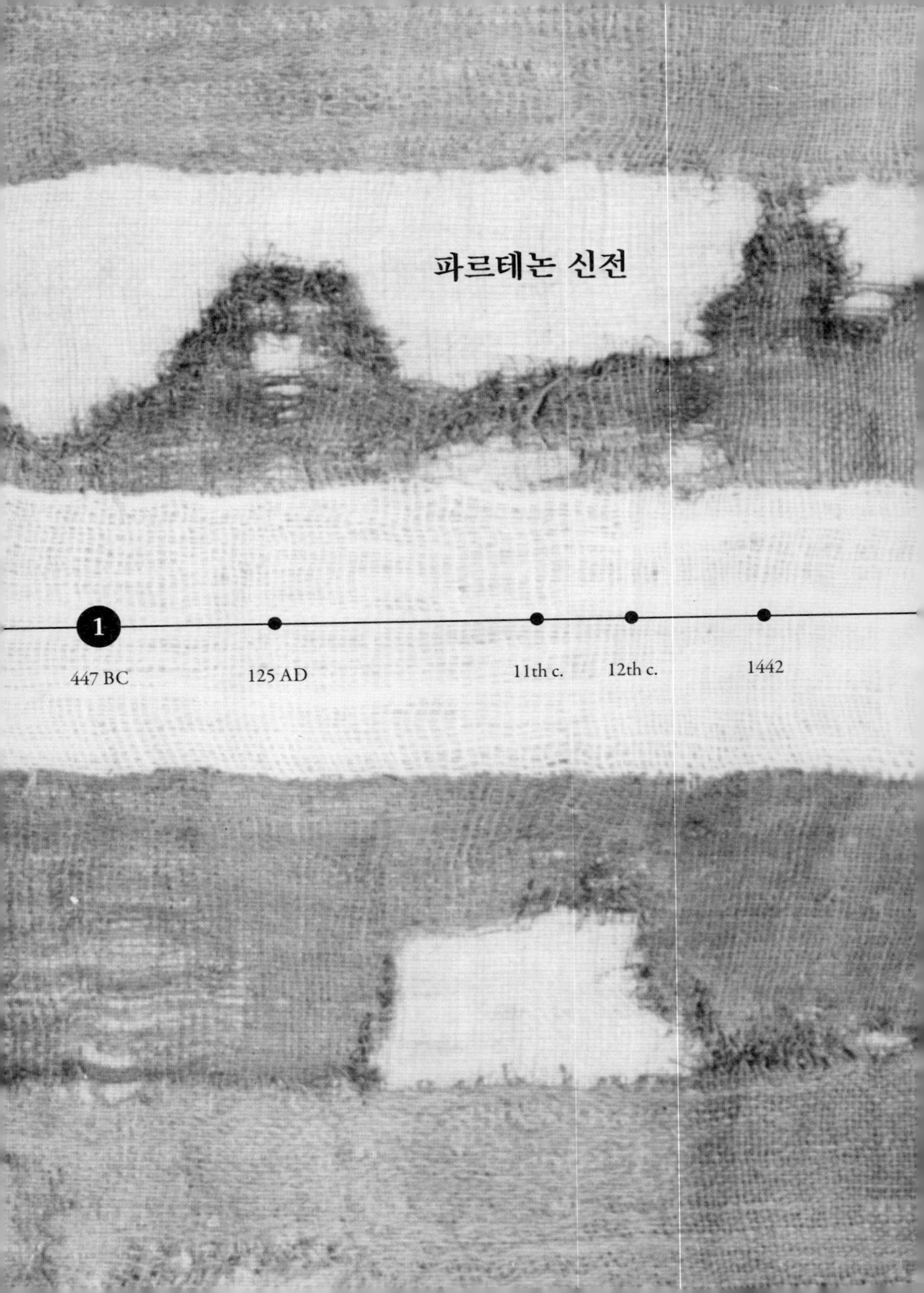

파르테논 신전

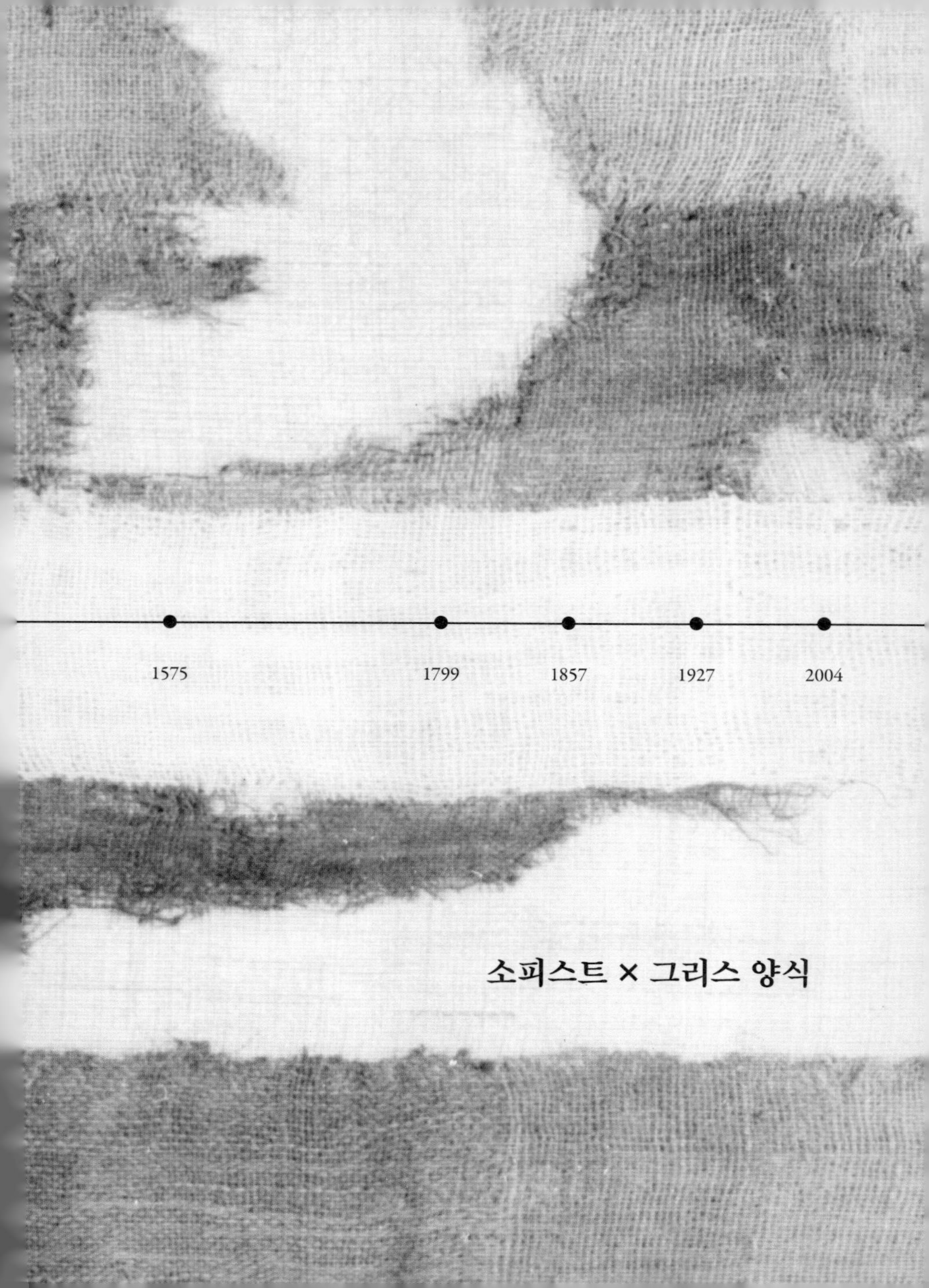

소피스트 × 그리스 양식

완벽한 비례를 강조한 이유

그리스 신전 건축은 대개 기원전 6세기 무렵 본격적으로 나타나 그리스가 쇠퇴할 때까지 꾸준하게 이어졌다. 복원 덕이기는 하지만 예전 모습을 상상하기에 부족함이 없을 정도로 온전하게 남아 있는 신전들이 꽤 있다. 그중 유명한 것들을 고르자면 포세이돈 신전, 아폴로 신전 등이 있다. 형태만 고려한다면 헤파이스토스(대장장이 신) 신전이 가장 온전한 상태다. 얼마나 온전하게 보존됐나를 떠나서 딱 하나 걸작을 꼽으라면 역시나 아테네의 파르테논(Parthenon) 신전이다.

고대 아테네 시가지의 남동쪽에 자리 잡은 언덕을 올라가면 파르테논을 만날 수 있다. 물론 그 언덕 위에 파르테논만 있는 것은 아니다. 몇 개의 건물들이 모여 있다. 이 건물들을 지나야 파르테논에 도달할 수 있다. 언덕 초입에는 프로필라이아(propylaea)라는 일종의 대문이 있다. 가파른 언덕에 계단을 만들고 그 위를 덮는 구조물을 만든 것인데, 이것이 파르테논을 포함하는 여러 신전군의 대문 역할을 한다. 대문 오른편에 자그마한 니케 신전이 있는데, 이 신전은 나지막한 절벽 위에 얹혀 있다.

대문을 지나면 널찍한 마당을 만난다. 마당 너머로 두 개의 신전이 보인다. 왼편으로 작은 신전 하나, 그리고 약간 오른쪽으로 또 하나의 신전이 있다. 전자는 에렉티온이고 후자는 파르테논이다. 건물 배치에서 두 신전은 매우 다르다. 에렉티온은 너른 마당에 들어서면 정면을 볼 수 있다. 반면, 같은 위치에서 파르테논은 후면이 보인다. 정면을 보려면 파르테논의 측면을 보면서 한참을 걸어 돌아가야 한다.

아크로폴리스

파르테논을 방문한 관광객들은 우선 그 크기에 압도된다. 이 신전은 전면 폭이 30미터, 깊이가 70미터, 높이는 15미터 정도다. 현대식 건물로 치자면 5층 정도 높이의 그리 크지 않은 빌딩 수준이다. 하지만 주변에 비교 대상이 될 만한 건물 없이 하늘을 배경으로 나 홀로 서 있어 실제보다 훨씬 더 커 보인다.

신전의 규모를 더 크게 만드는 요소는 또 있다. 웅장한 도릭 기둥이다. 기둥의 직경은 1.9미터이고 높이가 10.4미터다.[5] 이렇게 큰 기둥은 현대 건물에서도 보기 힘들다. 또 다른 요소는 기단이다. 파르테논의 기단은 3단으로 되어 있고, 전체 높이는 2미터에 가깝다.[6] 그런데 파르테논을 마주하면 기단의 높이가 더 높게 느껴진다. 기단 자체가 불룩 솟은 지반 위에 있기 때문이다. 사람으로 치면 키가 큰 사람이 굽 높은 신을 신고 있는

파르테논 신전의 기둥

제우스 신전의 기둥

격이다. 파르테논을 처음 접할 때 받는 인상은 규모의 웅장함이다.

이 웅장함에는 견고함이 같이 있다. 뭔가 단단하다는 느낌이다. 이런 느낌을 주는 것은 파르테논 외곽을 형성하는 기둥 열이다. 우선 기둥 하나하나에 볼륨감이 있다. 날렵해 보이지 않는다는 말이다. 이런 느낌은 파르테논 하나만 놓고 보면 파악하기 어렵다. 이럴 땐 비교가 최고다. 아테네 제우스 신전의 기둥과 비교해 보자. 제우스 신전의 기둥이 날렵해 보인다. 날렵해 보인다는 느낌을 수치로 정확하게 표현해 보자. 그럴 땐 세장비라는 개념을 쓰면 된다. 기둥 높이를 지름으로 나눈 숫자를 세장비라고 한다. 사진을 통해 확인되는 제우스 신전의 세장비는 6.91이고 파르테논은 5.33이다. 파르테논 신전의 굵직한 기둥 두께가 견고함을 강조한다.

기둥과 관련해서 파르테논의 견고함을 더해주는 요인이 하나 더 있다. 좁은 기둥 간격이다. 촘촘하게 붙어 있다는 얘기다. 여기서도 비교를 하면 더욱 이해가 잘될 것이다. 다시 제우스 신전과 비교해 보자. 이번에는 기둥 간격을 지름으로 나눈 값을 비교 기준으로 삼아보자. 제우스 신전은 1.87이고, 파르테논 신전은 1.24다. 이 수치로 파르테논 신전의 기둥이 더 촘촘하게 붙어 있다는 사실을 알 수 있다. 파르테논 신전은 기둥 간격이 상대적으로 좁다. 그래서 얼핏 하나의 벽처럼 느껴지기도 한다. 그래서 견고해 보인다.

첫인상은 두 단어로 표현할 수 있다. 웅장함과 견고함. 이제 시선은 자연스레 삼각형 지붕과 기둥 사이를 이어주는 부분으로 옮겨 간다. 건축 용어로 엔타블러처(entablature)라고 하는 부분이다. 기둥을 잡아주고, 동시에 지붕을 지탱하는 역할을 한다. 간단히 말하자면 보라고 할 수 있다.

이 부분에 눈이 가는 이유는 그곳에 장식이 집중되어 있기 때문이다.

엔타블러처부터 본격적으로 신전의 머리 부분이 시작된다. 그 위에 삼각형 모양의 페디먼트가 올라간다. 자연스레 엔타블러처와 페디먼트에 넓은 면이 생기는데, 이걸 그대로 두지 않았다. 면을 쪼아 갖가지 문양과 형상을 만들었다. 파르테논의 엔타블러처와 페디먼트에는 신화 속에 등장하는 인간과 신들의 형상이 조각되어 있다. 이 정도 장식이면 그곳에 눈이 가지 않을 수 없다.

파르테논이 신전다운 풍모를 제공하는 데 한몫 제대로 하는 것은 뒤돌아섰을 때 눈에 들어오는 광경이다. 언덕 꼭대기에서 아테네 시내가 내려다보인다. 멀리 에게해가 펼쳐진다. 파르테논 건물 자체는 하늘을 배경으로 서 있고, 건물에서는 인간의 땅과 바다를 바라볼 수 있다. 조금 과장

파르테논에서 바라본 아테네 시내

을 보태면 파르테논은 우주의 중심이다.[7] 우주의 중심을 차지하고 있다는 사실이 신전으로서의 위엄을 완성한다.

현대인이 쓰고 있는 색안경을 통해 보이는 파르테논의 모습은 대체로 이와 같다. 그런데 빠뜨린 것이 있다. 그리스 문명이라는 아우라다. 민주주의의 발상이라는 아우라, 서양 철학사를 대표하는 플라톤과 아리스토텔레스의 아우라, 그리스 신화의 아우라가 파르테논의 장엄함을 더욱 돋보이게 만든다.

파르테논의 웅장한 규모와 화려한 조각, 그리고 파르테논을 감싸는 그리스 문화의 아우라가 현대인이 쓰고 있는 색안경의 요체다. 우리는 그 색안경을 통해서만 파르테논을 본다. 그런데 당시 아테네 사람들도 우리와 같은 색안경을 쓰고 있었을까? 그렇지 않을 것이다. 그들은 분명히 다른 것을 보았을 것이다.

당시 아크로폴리스의 분위기는 지금과는 좀 다르다. 우선, 지금보다 건물 숫자가 많았다. 지금은 넓은 마당이 드러나 보이지만 당시에는 그렇게 넓은 마당은 없었다. 건물 주변에는 사람들이 북적거렸다. 신탁을 받으러 온 사제, 신전에 바칠 제물을 파는 상인, 그리고 별 할 일 없는 사람들까지. 이들이 모여 시장통 같은 느낌이었을 것이다.[8] 하나 더, 당시에는 건물에 화려한 채색이 있었다.[9]

당대인의 파르테논은 감상 대상이 아닌 신전 역할을 했다는 것에 초점을 맞추어 보자. 이 점이 현대인과 아테네인의 색안경이 다를 수밖에 없는 근본적인 이유다. 그리스의 신전은 나름의 특유한 방식으로 신전 역할을 수행했다. 파르테논을 비롯한 그리스 신전의 특징은 이집트 신전과 비교하면 분명하게 드러난다.

파르테논 신전의 채색 상상도[10]

이집트의 신전은 일반 백성들의 접근을 허락하지 않는다. 신전의 시작을 알리는 문은 거대한 벽으로 만들어졌다. 높이도 높고, 전면 폭도 넓고, 대단히 두껍다. 이렇게 단단한 벽에는 신전 안팎을 전혀 다른 세계로 인식하게 하려는 의도가 담겨 있다. 게다가 스핑크스도 한몫한다. 현실 세계에서 보기 힘든 기괴한 동물이 문 앞을 지키고 있다. 사람들의 쉬운 접근을 거부하는 위압적인 모습이다. 스핑크스는 사람을 멀리서부터 쫓는다. 파일론이라는 두꺼운 벽으로 차단된 문은 가까이에서 사람들의 접근을 통제하지만, 스핑크스는 멀리서부터 사람을 쫓아버린다.

신전의 입구 형상이 이렇게도 배타적인 것은 사실 그것의 용도를 생각해 보면 이해가 간다. 이집트의 신전은 오로지 파라오만을 위한 것이니 그렇다. 파라오 이외의 사람들은 그저 멀리서 이 대단한 신전을 보고, '파라오는 역시 인간이 아닌 신이구나' 하고 감탄만 하면 된다.

하지만 그리스의 신전은 다르다. 그리스 사람들은 신에게 청탁하러 수시로 신전을 방문했다. 그런데 신과 직접 소통하지는 않았다. 사제를 통해 부탁한다. 청탁자는 신전 문 앞까지만 간다. 사제에게 내용을 전달하면, 사제가 신을 모신 은밀한 장소에 가서 청탁을 전달한다. 사제는 신과 만나는 의식을 비밀스럽게 진행한 후 밖으로 나와 신의 응답을 전한다.[11] 신전의 용도가 이렇다 보니 중요해지는 것은 외관이다. 청탁자가 가까이 접근해서 잘 볼 수 있어야 하고, 신이 기거할 만한 장소라는 느낌을 주어야 한다.[12]

신이 기거할 만하기 위해서는 건물 형태가 완벽해야 했다. 완벽함은 완전한 기하학적 형상과 정확한 비례로부터 온다. 신의 집은 정확한 비례

○ 이집트 신전의 파일론
○ 스핑크스

를 지닌 완벽한 직육면체여야 했다. 여기까지는 아테네인 특유의 색안경이 드러나지 않는다. 완벽한 직육면체를 찌그러뜨리면서 그 색안경이 분명해진다.

파르테논 신전은 가로·세로·높이가 각각 30미터·70미터·15미터인 직육면체에 삼각형 프리즘을 얹어 놓은 형태다. 그런데 실제로는 이게 정확한 직육면체가 아니라는 데 묘미가 있다. 신이 거주하는 곳을 완전무결하게 만들자면 완벽한 기하학적 형태, 즉 완전한 직육면체를 만들어야 했을 터인데, 어찌 된 일인지 아테네인들은 직육면체를 찌그러뜨렸다. 두 가지가 가장 적극적이다. 하나는 전면에 보이는 좌우 단의 기둥을 안쪽으로 기울였다는 점이다. 다른 하나는 기단 중앙부를 높이고 양단을 낮추었다는 것이다. 소소한 것들도 보인다. 기둥의 배흘림이라고 하는 것인데, 기둥 가운데를 불룩하게 만드는 수법이다.[13]

지금 그 자리에 서 있는 파르테논 신전을 정밀하게 측정해 보면 알 수 있는 사실이다. 그런데 이게 복원 중에 실수일 수도 있고, 원래 의도와 달라진 건데, 복원 과정에서 어쩌다 보니 그렇게 된 것일 수도 있다. 아니, 오히려 그렇게 생각하는 게 더 합리적일 수도 있다. 일부러 공을 들여 그렇게 찌그러뜨릴 이유가 없어 보이니 말이다. 하지만 당시 아테네인들이 파르테논을 의도적으로 찌그러뜨렸다는 것은 정설로 받아들여진다.

기원전 1세기 로마인 비트루비우스가 쓴 『건축십서』라는 책이 근거가 된다. 이 책에 일부러 찌그러뜨렸다고 해석할 만한 내용이 들어 있다. 비트루비우스는 책에서 그리스 신전을 사례로 들어 신전 건축 방법에 관해 설명한다. 기둥 높이에 따라 엔타시스를 다르게 부여하는 기법을 서술

하면서, 만일 이런 식으로 시각적 왜곡을 보정하지 않으면 사람들은 서툴고, 어리숙한 건물 형상을 보게 된다고 말한다.[14] 이런 예를 보면 그리스인들은 신전을 건축할 때 시각적 보정을 익숙하게 해왔으며, 파르테논 또한 의도적으로 그렇게 만들어진 건축물이라는 것을 알 수 있다.

그렇다면 아테네인들은 어째서 직육면체를 찌그러뜨렸을까? 일관성이 있게 찌그러뜨리는 것은 정확하게 각진 직육면체를 만드는 것보다 훨씬 더 힘든 일이다. 뭔가 이유가 있지 않고서는 선뜻 할 이유가 없다. 이제부터 그것에 대해 알아보자. 이 추론은 두 가지 방향에서 이루어진다. 하나는 사실 자체에 관한 것이고, 다른 하나는 사실에 부여되는 가치에 관한 것이다.

실재와 이상, 무엇을 택할 것인가

이제 정확하게 직육면체인 형상을 머릿속에 그려보자. 상상 속 직육면체는 가로·세로·높이가 일정한 형상이다. 어느 방향에서 봐도 각 모서리는 항상 직각으로 만난다. 그리고 서로 마주 보는 모서리들의 길이는 동일하다. 우리는 직육면체를 이렇게 상상할 수는 있지만 그런 직육면체를 볼 수는 없다.

직육면체는 크기를 가진 물체다. 우리 시야에 가까운 부분이 있는 반면, 멀리 있는 부분도 존재할 수밖에 없다. 가까운 것과 먼 것을 구분하려면 둘의 겉보기에 차이가 있어야 한다. 겉보기에 차이가 없다면 이 둘은 같은 위치에 있다는 말이 된다.

우리 눈은 멀리 있는 것은 작게, 가까이 있는 것은 크게 본다. 직육면체를 이루는 모서리 중 가까이 있는 것은 크게, 멀리 있는 것은 작게 보인다. 하지만 사실, 작게 보이기보다 '작게 본다'라는 말이 더 정확하다. 가로·세로·높이가 동일하게 유지되는 이상적인 직육면체는 개념적으로, 즉 머릿속 상상에서만 존재할 수 있다. 눈을 뜨고 직육면체를 바라보는 순간, 직육면체는 찌그러져 보일 수밖에 없다.

멀리 있는 것과 가까이 있는 것을 구분할 수 있는 능력과 있는 그대로 인지할 수 있는 능력 중 어느 하나를 택해야 했다. 인간의 눈은 전자를 택하는 방향으로 진화했다. 먼 것과 가까운 것을 구분하는 것이, 있는 그대로를 인지하는 것보다 더 중요하기 때문이다. 정확한 형상을 파악하는 것과 먼 것과 가까운 것을 구별하는 능력 중에 어떤 것이 인간의 일상생

활에 더 긴요했을까? 분명 후자가 더 중요했을 것이다. 눈이 선천적으로 정적인 물체보다는 움직이는 물체에 더 민감하게 반응한다는 것과 같은 맥락에서 이해될 수 있다.[15]

정확한 직육면체를 찌그러져 있다고 보는 것은 모든 사람이 다 같은 정도로 느끼는 것일까? 사람들은 같은 직육면체를 봐도 같은 정도로 찌그러져 있다고 보는가? 절대 그렇지 않다. 같은 직육면체라도 사람에 따라 다른 정도로 찌그러져 보인다.

뮐러의 실험을 인용해 사람마다 직육면체를 다르게 본다는 것을 주장할 수 있다. 그렇다면 뮐러 실험이 무엇인지 알아보자. 같은 길이의 선분 두 개가 있다. 각각 선분의 양 끝을 다른 모양으로 만든다. 이렇게 그려 놓고 보면 사람들은 대개는 전자가 후자가 더 길다고 생각한다. 여기서 대개라고 말하는 것은 백 명이면 백 명 다 그렇게 생각하지는 않는다는 뜻이다. '대개'를 규정하는 비율이 문화권에 따라 달라진다는 것이 흥미롭

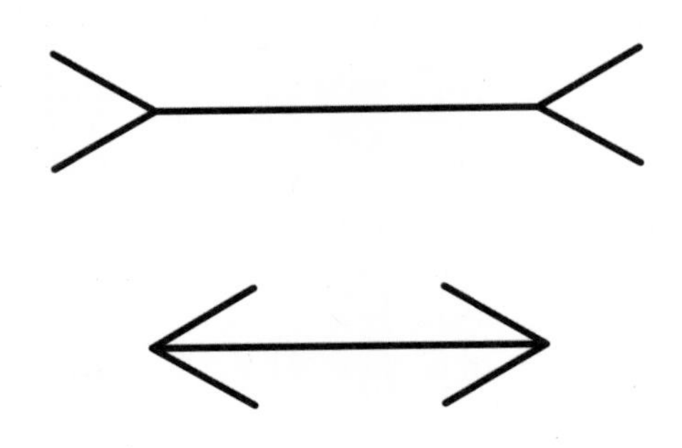

뮐러의 라이어 착시

다. 여러 가지 설과 반론들이 있기는 하지만, 대체적인 결론은 직각에 가까운 물체를 많이 보고 산 도시 사람일수록 비도시 지역 사람보다 이 두 선분의 길이가 다르다고 보는 비율이 높다고 한다.[16]

눈으로 보는 직육면체의 찌그러진 정도도 비슷하게 영향을 받는다고 생각할 수 있다. 가까운 것은 크게 보이고, 먼 것은 작게 보인다는 사실을 잘 알고 있을수록, 그리고 그런 종류의 형태 표현과 관련된 경험이 많을수록 직육면체를 더 찌그러진 것으로 보게 된다.

우리는 당대 그리스인들이 가까운 대상은 크게 보이고, 먼 대상은 작게 보인다는 사실을 인지했다는 것을 역사적 근거를 통해 잘 알고 있다. 그리고 그런 종류의 형태 표현을 고대 그리스인들이 접한 경험이 많았다는 것을 증명한다면, 그들 눈에는 직육면체의 찌그러짐이 유난히 더 돋보였을 수 있다고 주장할 수 있다. 지금부터 그리스의 조각·회화·건축을 원근법에 초점을 맞춰 살펴보자.

첫 번째, 그리스 조각. 파르테논 신전을 장식하고 있는 조각에서도 원근법에 기반한 시각적 조작을 찾아볼 수 있다. 관찰자 시점을 고려하기 위해 크기·자세·깊이감을 조정했다.

우선 크기 조정. 페디먼트의 양쪽 가장자리에 있는 조각상들은 실재보다 크게 만들어졌다. 이는 아래에서 올려다볼 때 모든 조각이 비슷한 크기로 보이게 하기 위함이다. 자세도 조정했다. 누워 있는 인물상은 실재보다 더 누워 있는 자세를 취하게 했다. 이는 아래에서 올려다보는 시점에 반응한 결과다. 한편, 깊이감이 조정된 것을 볼 수 있다. 부조에서 실재보다 더 돌출되게 조각했다. 이렇게 하면 원근감이 강조된다.[17]

파르테논 페디먼트의 조각

두 번째, 회화. 회화에서도 그리스인들이 시각적 조작을 즐겼다는 것을 알 수 있다. 물론 그리스 회화가 전해지는 것은 없다. 하지만 회화에 대해 묘사하고 있는 문헌 자료를 통해 알 수 있다. 그리스 화가인 제욱시스와 파라시오스의 그림 대결 이야기에서 실마리를 얻을 수 있다.[18]

제욱시스와 파라시오스는 누가 더 잘 그리나를 시합했다. 제욱시스는 새들이 쪼아먹으려고 할 정도로 포도를 진짜처럼 생생하게 그렸다. 우쭐대던 제욱시스는 파라시오스의 그림을 바라보며, 자기 그림이 더 잘 보일 수 있게 커튼을 치워달라고 요청한다. 이내 제욱시스는 커튼이 진짜 커튼이 아니고 그림이었다는 것을 알게 된다. 제욱시스는 감탄해서 이렇게 얘기했다고 한다.

"나는 짐승의 눈을 속였지만, 당신은 사람의 눈을 속이는구려."

문헌으로 전해지는 제욱시스와 파라시오스의 에피소드를 통해 당대 그림의 중요한 판단 기준은 보는 이의 눈을 속이는 실력이었다는 것을 알 수 있다. 또한 당대 그리스 회화에서 눈속임이 상당한 정도로 유행하고 있었다는 것을 확인할 수 있다.

세 번째, 건축. 좀 더 직접적인 증거는 비트루비우스에게서 찾을 수 있다. 비트루비우스는 그의 저서 『건축십서』에서 그리스 신전을 지을 때 시각적 보정을 하고 있다고 말했다. 예를 들면 이런 것이다. 수평으로 긴 기단을 만들 때, 중앙부를 좀 볼록 솟아오르게 한다. 수평을 그냥 수평으로 두면 사람 눈에는 가운데가 꺼진 것처럼 보이기 때문이라고 한다.[19]

조각·회화·건축의 사례에서 살펴본 바와 같이 그리스인들은 다양한 시각적 보정을 했다. 조각이나 그림을 실제 보이는 것보다 특정 방향으로 과장함으로써 그 상황에서 필요한 '실재'를 강조해 만들어낸다. 건축에서는 눈이 실재를 해석하는 방법을 보완해서 상상 속의 완벽한 형상을 눈으로 볼 수 있게 했다. 이런 경향은 그리스에서는 일반적인 것이었다.

결론적으로 하고자 하는 얘기를 좀 명확하게 요약하자면 이렇다. 그리스인들은 정확한 직육면체가 시각의 특성상 찌그러져 보인다는 것에 매우 민감했다. 뮐러의 실험에서 증명되듯, 이전 경험이 선분의 길이를 다르게 보게 하는 것처럼, 그리스인들의 시각 경험이 직육면체의 찌그러짐에 민감하게 만들었다는 얘기다. 이렇게 아테네인들에게 보이는 직육면체는 현대인들에게 보이는 직육면체와 달랐다. 현대인들이 그저 직육면체를 본다면 그리스인들은 찌그러진 직육면체를 보았다.

살짝 찌그러진 것조차도 인식하는 아테네인들의 능력 덕에 그들에게 선택의 여지가 생겼다. 정확한 직육면체와 찌그러진 직육면체다. 현대인들이라면 별생각 없이 흘려보낼 법한 차이인데도 말이다.

그리스인들은 조각이나 그림을 창작할 때는 보이는 것과 다르게 과장하는 경향이 있었다. 고전기 그리스 인물상은 이러한 얼굴형과 몸매를 보여준다. 당대 사람들이 그 시기 조각상에서 보이는 그런 몸매를 갖출 리 없다. 얼굴은 얼굴대로, 몸은 몸대로, 가장 좋아 보이는 형태를 조합하고, 과장해서 이상적인 전체를 만들었다. 이런 까닭으로 고전기 그리스 예술은 이상적인 완성(Ideal Perfection)이라는 말로 요약된다.[20]

실재를 과장해서 이상적인 형태를 추구하는 경향은 건축에서는 좀 다르게 나타났다. 과장의 목표가 달랐다. 조각과 회화에서는 보이는 것을 사실보다 더 완벽하게 보이게 과장했지만, 건물에서는 상상 속 이상적인

형태를 완벽하게 구현하고자 했다.[21]

이상적인 형상은 머릿속에서 상상할 수 있지만, 인간의 눈은 이상적인 형상을 이상적인 상태 그대로 볼 수 없다. 정확한 직육면체는 사람의 눈에 찌그러져 보인다. 좀 더 부연하자면 뇌가 그렇게 학습되어 있는지라 정확한 직육면체는 찌그러져 보인다. 눈으로 보기에 정확한 직육면체가 되기 위해서는 직육면체를 실재와 다르게 조작해야만 한다. 찌그러져 보이는 것과 반대로 미리 찌그러뜨려야 한다.

파르테논 건설 당시 아테네인들은 정확한 직육면체이지만 찌그러져 보이는 직육면체와, 찌그러졌지만 정확한 직육면체로 보이는 직육면체 중 후자를 택했다. 이제 궁금한 것은 그 이유다. 무엇 때문일까? 그들의 가치관을 형성한 철학적 성향을 살펴볼 차례다.

파르테논이 완성된 것은 기원전 438년이다. 서양 철학을 얘기할 때면 빠짐없이 등장하는 플라톤이 세상에 나오기 10년 전이고, 아리스토텔레스는 50년 후에나 태어난다. 이 당시를 풍미하던 철학적 경향은 소피스트다. 소피스트 철학의 특징으로 우리는 흔히 인간중심주의[22]와 상대주의[23]를 꼽는다.

시대를 앞서 등장한 아리스토텔레스

어느 것의 특징이 이러저러하다면 그것은 항상 그것 이전에 있었던 혹은 그것과 함께 존재한 것과의 비교를 통해 규정된다. 소피스트 철학의 특징은 이전 철학과 비교를 통해 그렇게 규정됐다. 이전 철학이라면 그것은 이오니아 자연주의 철학이다. 이오니아반도에서 유행했기에 그리 이름이 붙은 이 철학은 자연을 주 연구 대상으로 했다. 자연중심주의다. 이들은 자연의 궁극적인 운동 방식을 알고 싶어 했고, 자연은 언제 어디서나 동일한 방식으로 운동한다는 사실을 알아냈다. 그리고 자연의 운동을 법칙으로 규정하는 지식을 생산했다. 이오니아 철학자들은 자연을 탐구해 얻은 그들의 지식이 절대적이라고 믿었다. 자연 운동 법칙은 시공간에 제한되지 않는다고 믿었다는 말이다. 한 발 더 나가서 이들은 자연에서 얻은 지식을 인간과 사회에도 똑같이 적용할 수 있다고 믿었다. 그렇게 해도 되는 이유는 간단하다. 인간은 자연의 일부라고 생각했기 때문이다.[24]

소피스트 철학은 고전기 아테네를 중심으로 발전했다. 민주정이 이뤄졌고, 시민이 정치에 참여하는 길이 열려 있었다. 정치에 참여한다는 것은 선출직에 당선되거나 임명직에 임명되는 것을 말한다. 이리되기 위해서는 정치 활동에 필요한 능력을 갖춰야 했다. 소피스트 철학은 정치 활동에 필요한 능력을 탐구하고 교육하는 데 중점을 두고 발전했다.

이오니아 철학이 자연을 연구했다면, 소피스트 철학의 관심은 정치 활동을 하는 인간과 정치 활동이 벌어지는 사회에 있었다. 자연스레 소피스트 철학은 인간 중심의 성격을 띠게 되었다. 소피스트 철학의 두 가지 특징 중 하나가 해결됐다. 그렇다면 소피스트 철학의 상대주의는 어디서부터 비롯된 것일까? 이를 알기 위해서는 당시 사회 구성을 살펴볼 필요가 있다.

당시 아테네에는 그리스 전역에서 사람들이 몰려들었다. 그리스 전역에 수많은 도시국가가 있었지만, 아테네가 일종의 수도 역할을 했기 때문이다. 일종의 다문화 사회였다. 이들은 문화적 차이를 인정했다. 이는 진리를 절대적인 것보다는 상대적인 관점에서 접근하게 한다. 그래서 소피스트 철학은 상대주의적 성격을 띠게 된다. 상대주의는 각 개인이 처한 특수한 상황을 인정한다. 그렇다면 진리는 보편적이기보다는 개인적인 것이 된다. 하지만 이들이 진리에 대해 상대적인 입장을 가졌다고 해서 모든 개인적 주장이 진리로 받아들여진 것은 절대 아니다. 이들은 토론과 변론의 과정을 거쳐 개인적 입장 중에서 어느 하나를 상황에 맞는 진리로 인정하는 태도를 견지했다.

파르테논을 건설한 아테네인들의 가치관에, 좀 더 구체적으로 말하자면 이상적인 직육면체와 찌그러진 직육면체 중에서 하나를 고를 때 기준으로 작동하는 가치관에 영향을 미쳤다고 볼 수 있는 것은 두 가지다. 하나는 절대적이고 보편적인 진리를 주장하는 이오니아 철학이고, 다른 하나는 상대적이고 개인주의적 진리를 주장하는 소피스트 철학이다.

이오니아 철학을 따른다면 절대적 진리가 존재하고, 그것이 보편적으로 적용돼야 한다. 이를 건축설계에 적용해 보자. 어떤 형태를 만든다고 할 때, 그 형태에는 절대 이상적인 원형과 보편적 구성 원리가 있고, 이 원리가 적용돼야 한다는 뜻이 된다. 보는 사람마다 서로 다르게 찌그러져 보인다는 것은 이오니아 철학의 기준에서는 극복해야 할 결함일 뿐이다. 이오니아 철학은 찌그러뜨린 직육면체를 허용하기 어렵다.

소피스트 철학에서 진리는 상대적이고, 다수의 개인적 특수성이 인정된다. 하지만 여기가 끝은 아니다. 개인적 특수성은 토론과 변론을 거쳐 다수가 합의할 수 있는 것이 되어야 한다. 이를 다시 건축설계에 적용해 보자. 어떤 형태를 만든다고 할 때 개별적으로 다른 형태를 추구할 수 있으나, 이 다른 형태들이 토론과 변론을 통해 합의된 형태로 발전한다는 의미가 된다. 소피스트 철학은 찌그러져 보이는 직육면체를 인정하고 그것이 모두의 눈에 정확한 직육면체로 보이게 하는 합의된 찌그러진 직육면체를 인정한다. 간단히 정리해 보자. 소피스트 철학이었기에 실제론 찌그러졌지만 보이기에 정확한 직육면체의 형태가 허용됐다.

소피스트 철학이 아리스토텔레스보다 시기적으로 앞서기는 하지만 둘 사이에 유사점이 있는 것은 틀림없다. 일반적으로 아리스토텔레스와 소피스트는 대척점에 있는 듯 이해되지만, 예술에 초점을 맞춘다면 얘기가 조금 달라진다. 예술에 대한 아리스토텔레스의 비결정론적 태도, 즉 모방이라는 행위를 통해 기존에 알려지지 않은 진리를 찾는 그의 접근법은 확실히 플라톤적이라기보다는 소피스트에 가깝다. 이는 이후 상세하게 다룰 것이다. 여기서는 파르테논이 아리스토텔레스 이전의 작품이지만 아리스토텔레스적인 예술 방법론을 선취하고 있다는 점을 밝혀둔다.

소피스트 철학이 아니고 이오니아 철학이 파르테논 건설 시기의 아테네인들에게 유행이었다면 파르테논 신전의 찌그러진 직육면체는 나타나지 않았을 것이다. 이 말은 이오니아 철학이었다면 이상적인 직육면체,

즉 마주보는 면이 평행한 직육면체가 사용됐을 수 있다는 얘기인데, 정말 그럴까? 역사에 가정은 소용없는 것이라고 말하지만 이런 가정을 시도하게 만든 사례가 있다.

우리는 로마에서 그것을 찾아볼 수 있다.

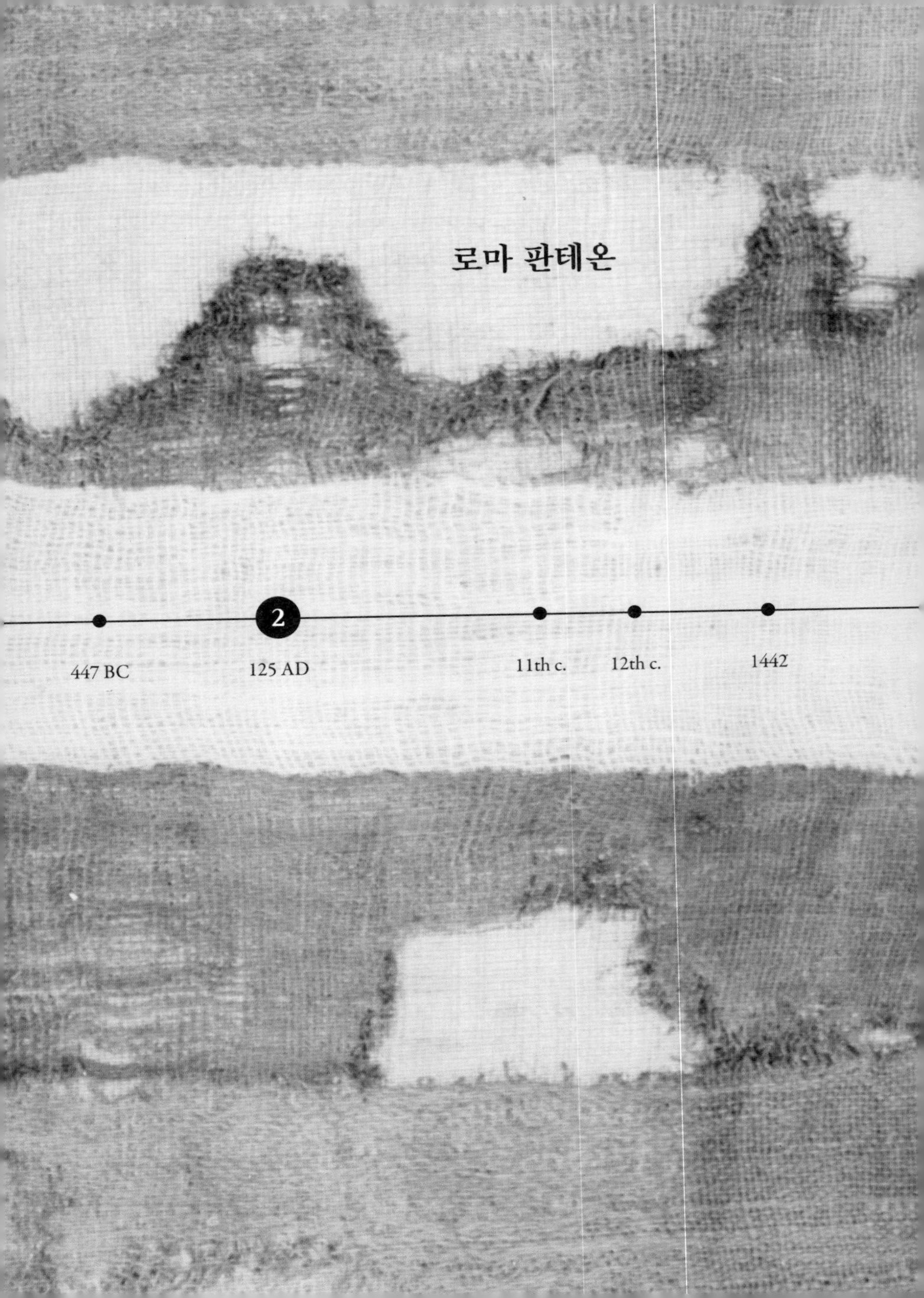
로마 판테온
2
447 BC
125 AD
11th c.
12th c.
1442

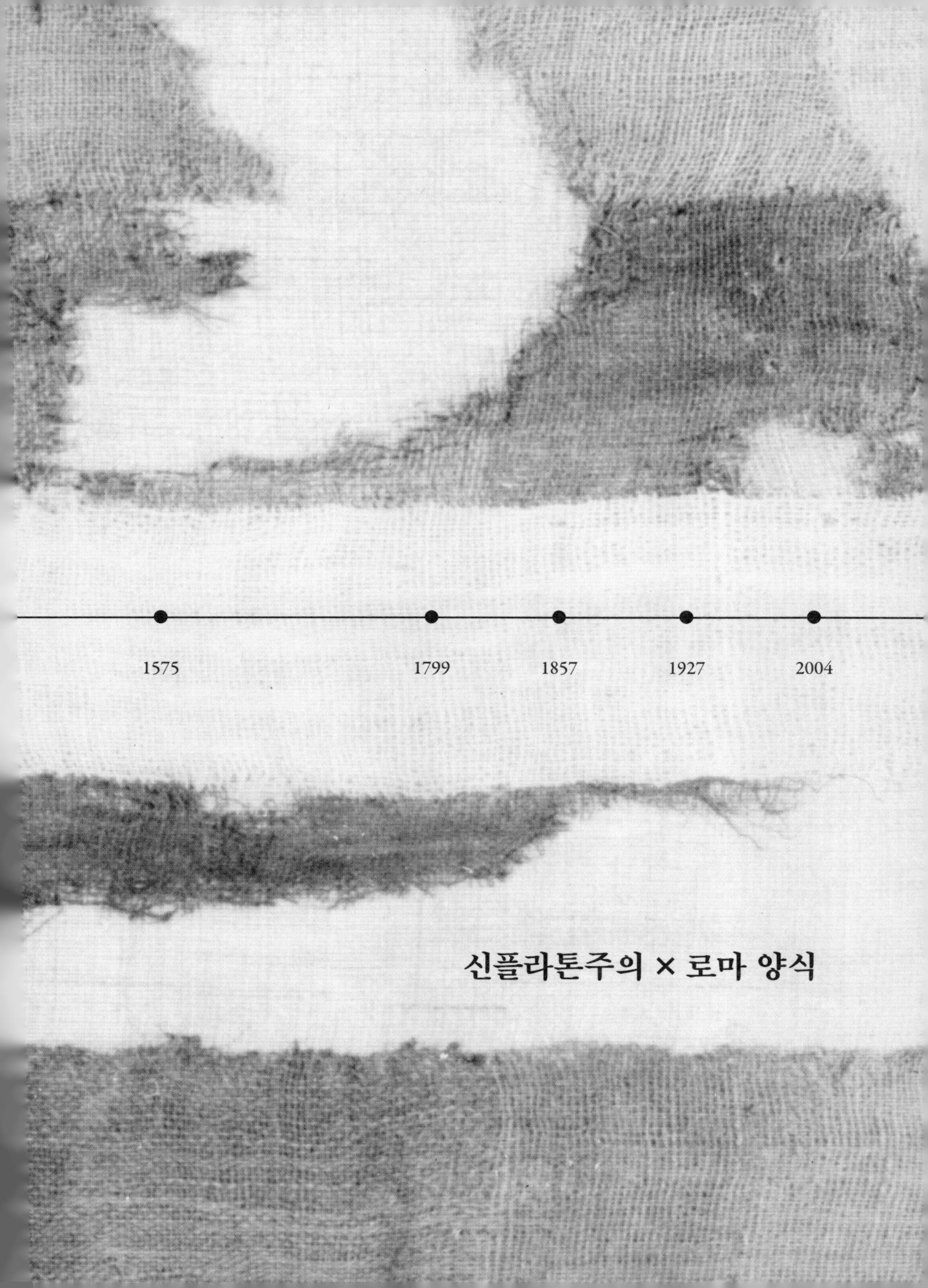
1575
1799
1857
1927
2004
신플라톤주의 × 로마 양식

빛과 어둠만 가득한 만신전

교황 식스투스 5세(재위 1585~1590)가 로마의 주요 지점을 대로로 연결했다.[25] 길이 교차하는 주요 지점에는 이집트에서 가져온 오벨리스크를 세웠다. 지금 우리가 보는 바로크풍 로마의 큰길은 이렇게 골격이 잡혔다. 대로 사이의 구역에 건물이 채워졌다. 건물이 들어서면서 그 건물로 향하는 작은 길이 형성되었다. 자연스레 길은 불규칙한 형태로 조성되었다. 간단히 말해 현대 도시에서 흔히 볼 수 있는 격자형이라든지 파리의 방사형 도로망처럼 정형적인 형태가 아니라는 말이다.

로마 판테온

로마 판테온(Pantheon)을 만나려면 이런 길들을 지나야 한다. 길을 따라 걷다 보면 광장을 만나게 된다. 이런 광장 한편에 로마 판테온이 보인다. 멀리서 보이는 형태는 매우 특이하다. 다른 곳에서는 보기 힘든 원기둥 모양의 건물이기 때문이다. 원기둥의 상부에는 돔이 있다. 하지만 로마 판테온에 접근할수록 그 돔을 인지하기 쉽지 않다. 돔의 높이가 낮아 광장에서 올려다보면 잘 보이지 않기 때문이다. 돔을 얹은 다른 모든 건물은 모두 다 보란 듯이 돔을 드러내 보인다. 그런데 로마 판테온은 아니다. 왜 그랬을까? 이것 또한 궁금증을 불러일으키기에 충분하지만 궁금해하는 사람은 적다. 보통 사람들은 돔의 존재 자체를 인지조차 못 하기 때문이다. 내부로 들어가기 전까지는.

관광객은 가장 먼저 그리스 신전 모양의 출입구와 마주한다. 개인차가 있지만 첫인상은 실망스럽다. 얼핏 보면 모양은 그리스 신전인데 그 규모가 상당히 작기 때문이다. 원래 크기보다도 더 왜소하게 보인다. 이유를 금세 유추하기 쉽지 않다. 하지만 공을 들여 살펴보면 그 이유를 알 수 있다. 기단이 문제다.

로마 판테온의 기단을 26페이지의 파르테논 신전 사진과 비교하면 쉽게 알 수 있다. 파르테논의 기단은 2미터에 가깝다. 그 기단이 기왕에 불룩 솟은 지반 위에 있다는 점도 고려하면 기단이 주는 높이감은 그보다 훨씬 더하다. 반면, 로마 판테온의 기단은 그저 흉내만 낸 정도다. 기단 위에 건물을 얹혀 건물을 더 높여 보이게 하겠다는 의도는 전혀 없다.

내부로 들어가면 그 유명한 광경과 마주하게 된다. 광대한 내부 공간, 그 공간을 덮고 있는 돔, 그리고 돔의 내부 표면을 장식적으로 덮고

로마 판테온 내부

있는 소란 반자가 말 그대로 감동적이다. 돔의 정상부에는 구멍이 뚫려 있다. 이 구멍 외에 어떤 창도 없다. 그러니 내부가 캄캄하다. 이 어둠을 배경으로 직사광선이 들어온다. 내부 어둠의 두께가 대단하다. 구멍을 통해 쏟아져 들어오는 직사광선도 내부의 대기 속에서 희미해진다. 다만 빛의 흔적이 바닥의 밝은 무늬로 남을 뿐이다. 설명이 지나치게 감상적으로 흘렀다. 그런데 그럴 수밖에 없다. 로마 판테온의 내부를 설명하자면 누구나 다 이렇게 감상에 빠지기 십상이다. 내부에 들어서 찬찬히 살펴보기 시작하면 생각이 달라진다.

"어, 이게 뭐지?"

기대와 너무나 거리가 먼 공간의 크기 때문이다. 사진에서 보던 것과는 비교도 안 되게 작다. 내부 지름이 43미터라는 사실을 몰랐던 것은 아니지만, 사진으로 본 43미터는 광대해 보였는데, 직접 마주한 43미터는 체감상으론 왜소해 보일 뿐이다.[26] 사진은 언제나 과장돼 있다는 것을 모르는 바는 아니지만, 그것을 고려하더라도 로마 판테온의 내부는 너무 좁다. 기대가 크면 실망도 크다는 말이 딱 들어맞는 순간이다.

현대인이 로마 판테온에서 보는 것은 기단의 존재감이 미미한 그리스 신전, 돔 하부의 널찍한 내부 공간, 그리고 천장에서 쏟아지는 빛으로 연출되는 내부 분위기다. 한 가지 더 있다. 바글바글 모여서 와글와글 소리를 내는 행복한 관광객들이다. 여기가 과거 만신전이었다는 사실을 떠올리는 것조차 쉽지 않다.

그리스와 로마가 섞인 발명품

서기 125년 하드리아누스 황제가 대대적인 개축을 한 이후 로마 판테온은 용도가 몇 차례 변경되었다. 그중 중요 지점을 짚어보면 이렇다. 서기 609년 교황 보니파시오 4세에 의해 만신전이었던 로마 판테온은 가톨릭 성당으로 용도가 바뀌었다. 이에 따라 제단이 들어섰고 성상이 추가되었다. 르네상스 시기에 라파엘로의 무덤이 설치되는 특별한 변화가 있었지만 형태는 유지됐다. 바로크 시대에 들어와 벨리니 제단화가 추가되었다. 건축 형태와는 관계없는 변화였다. 13세기 후반 중앙에 종탑이 세워지기도 했다. 로마 판테온은 바로크 시기에나 비로소 건축 형태적 변화를 맞이했다. 17세기 중반에는 교황 우르바노 8세에 의해 전면에 종탑이 설치되었다.[27] 하지만 이 종탑은 당시부터 '당나귀 귀 같다' 등등 많은 비판에 직면했다. 결국 19세기에 들어서 이 종탑은 철거되었다.[28]

로마 판테온이 개축된 역사를 살펴보면 그 변경은 주로 내부에 국한

중앙 종탑[29]은 후대에 좌우 종탑[30]으로 위치가 바뀌었다

되어 있었다. 제단과 성상 설치 혹은 제단화와 같은 회화 작품의 추가 등으로 건축적 형태 변경과는 무관했다. 그러니 지금 모습이 서기 125년의 모습과 크게 다르지 않다고 생각해도 좋다.

당시 로마인이 본 판테온은 어땠을까? 그들의 눈에 가장 잘 들어온 것은 역시 원형(돔)과 사각형(그리스 신전)이 결합한 이상한 형태였을 것이다. 현대인의 눈에는 그렇게까지 어색하게 보이지는 않는다. 어디선가 한번은 본 익숙한 형태라고 생각할 수 있다. 로마 판테온과 비슷하게 생긴 것, 좀 더 구체적으로 말하자면 원형과 사각형이 결합한 형태, 달리 말하자면 돔과 그리스 신전을 조합한 형태를 어렵지 않게 볼 수 있다. 파리 판테온(Le Panthéon de Paris)이 좋은 사례다.

파리 판테온

파리 판테온은 '고전주의 절충 양식'이라고 부른다. 고전주의라는 이름으로 불리는 그리스 건축 양식을 뼈대로 삼고 여러 양식을 이것, 저것 섞어 썼기에 붙은 이름이다. 파리 판테온을 아는 현대인이라면 로마 판테온의 생김새가 그리 낯설지도 않을 것이다. 하지만 이런 절충주의 양식을 보려면 로마 판테온으로부터 2천 년에 가까운 긴 세월이 지나야 한다. 로마 판테온 시기의 로마인들에게 절충주의라는 개념은 없었다. 어찌 보면 로마 판테온은 절충주의의 효시라고 할 수 있다. 그리스 신전 양식과 로마의 돔 양식을 섞어서 사용했기 때문이다. 하드리아누스 황제 시기에 등장한, 이전까진 한 번도 본 적 없는 발명품이다.

로마 판테온과 유사한 건축 사례가 전혀 없는 것은 아니다. 그리스에도 로마 판테온과 비슷한 원형 건물이 있었다. 톨로스(Tholos)라고 부른다. 그리스 전역에 세 개 정도가 유명하다. 델포이 지역의 아테나 프로나이아 신전에 자리한 톨로스(Tholos of Athena Pronaia), 에피다우로스 지역의 아스클레피오스 신전 톨로스(Tholos at the Sanctuary of Asclépios in Epidaurus), 올림피아의 필리페이온(Philippeion at Olympia)이다. 톨로스나 로마 판테온이나 주요 부분이 원형이라는 공통점이 있기는 하지만 차이가 분명하다. 그리스의 톨로스는 몸통의 원형을 훼손하지 않는다. 둥근 면의 일부분에 출입구 또한 둥그런 모양으로 부착되어 있다. 평면 형태로 볼 때 원형과 사각형이 만나는 로마 판테온과는 무척 다르다.

로마 시내에서도 판테온과 비슷하게 원형으로 생긴 건물을 찾아볼 수 있다. 산탄젤로성(Castel Sant'Angelo)이다. 여기서도 출입구는 그리스의 톨로스와 같은 형식으로 설치된다. 원형과 사각형을 이어 붙이지는 않

델포이 아테나 프로나이아 신전

는다. 이렇듯 전례가 없다. 또한 유사 사례가 없다는 관점에서 보면 원과 직사각형을 이어 붙인 로마 판테온의 형태는 분명 특이하다.

로마 판테온이 하드리아누스의 그리스 취향이 만들어낸 독특한 발명품의 유일한 예는 아니다. 그리스와 로마의 건축 양식을 결합한 창의적인 시도를 아테네에서 찾아볼 수 있다. 하드리아누스의 개선문(Arch of Hadrian)이다. 하드리아누스의 방문을 기념하기 위해 만들었다. 이 문은 두 층으로 구성되어 있다. 층별 구성이 독특하다. 아래층은 로마식, 위층은 그리스식이다. 아래층은 로마식 아치를 이용해서 문을 만들었다. 위층

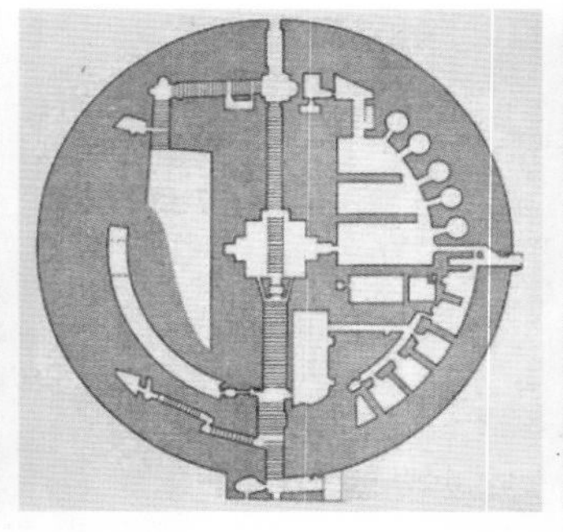

산탄젤로성(좌부터)과 평면도, 아테네의 하드리아누스 개선문

엔 그리스 신전의 정면이 얹혀 있다. 이 또한 로마 판테온만큼이나 독특한 발명품이다.

로마 판테온이나 아테네 하드리아누스의 개선문을 독특한 발명품이라고 부르는 것은 이후로는 이런 식의 조합, 즉 그리스 양식과 로마 건축 양식을 노골적으로 결합한 건축물은 찾아볼 수 없기 때문이다. 호의적인 관점으로 보자면 독창적인, 하지만 그냥 봐서는 어색하기 이를 데 없는 형태였을 것이다. 당대 로마인들의 눈에는 바로 이 어색한 형태가 보였을 것이다. 이를 설명하자면 그들의 생각을 들여다보는 수밖에 없다. 우선 당대 로마인들의 눈에 비친 판테온을 좀 더 설명한 후 그 배경에 관해 얘기하겠다.

원형과 사각형의 결합 이외에 무엇이 보였을까? 원이다. 그것도 '완벽한' 원이다. 그저 건물의 평면이 원형으로 생긴 것이라면 판테온 말고도 있다. 산탄젤로성이 좋은 사례다. 하지만 거기에 있는 원은 결손된 원이다. 성 내부에 들어서면 건물 형태가 원이라는 것은 상상하기 어렵다. 외부에서 보이는 원형은 내부에서는 흔적도 없이 사라진다.

로마 판테온은 안팎 어디서 보든 완벽한 원이다. 원의 완벽함을 유지하기 위해 꽤 노력한 흔적이 보인다. 두 가지를 지적해야 한다. 하나는 평면이다. 평면 구성에서 출입구를 형성하는 사각형이 원을 잠식하지 않게 배려하고 있다. 원과 사각형을 결합하되, 원이 사각형을 먹어들어가게 해서 원을 완전한 상태로 유지한다. 다른 하나는 단면에서 확인된다. 단면에서 보이는 내부는 완벽한 원이다. 단면 위에 그려진 원의 최고점은 정확하게 돔 천장 상단 면에 닿고, 최저점은 바닥 면에 닿는 것을 볼 수 있다.

당대 로마인들이 완벽한 원을 원했다는 것은 외부에서 돔을 바라봐도 단번에 알 수 있다. 돔은 외부에서는 보이지 않는다. 앞서 말했듯 돔이 높지 않기 때문이다. 멀리서 봐야만 볼 수 있다. 하지만 로마 판테온은 그리 크지 않은 광장의 한편을 차지하고 있다. 그러니 멀리서 볼 수 없다. 벽면과 지붕이 만나는 코니스 부분에 가려서 '그저 돔이 있구나!' 하는 정도

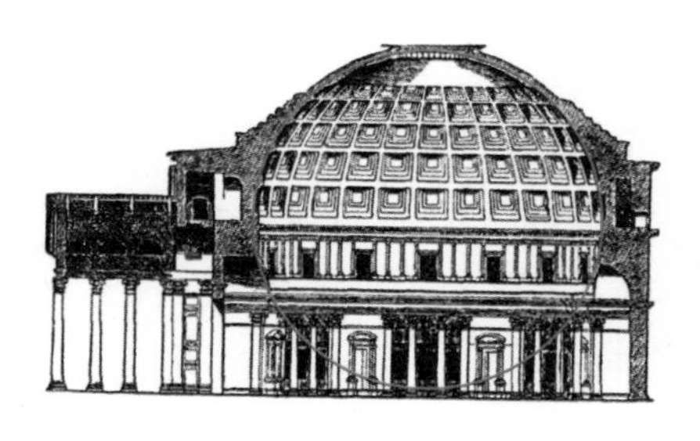

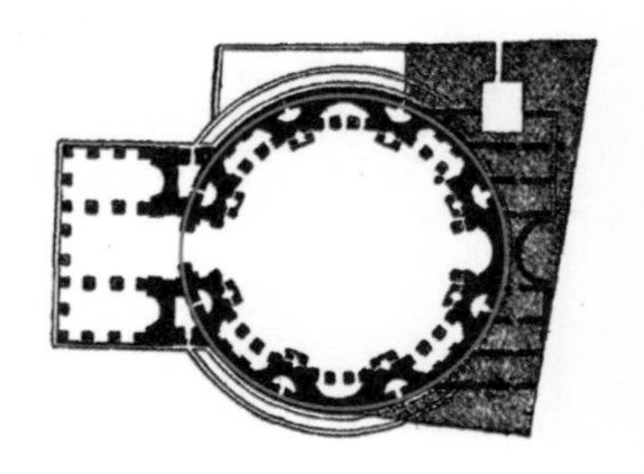

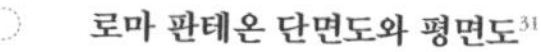

로마 판테온 단면도와 평면도[31]

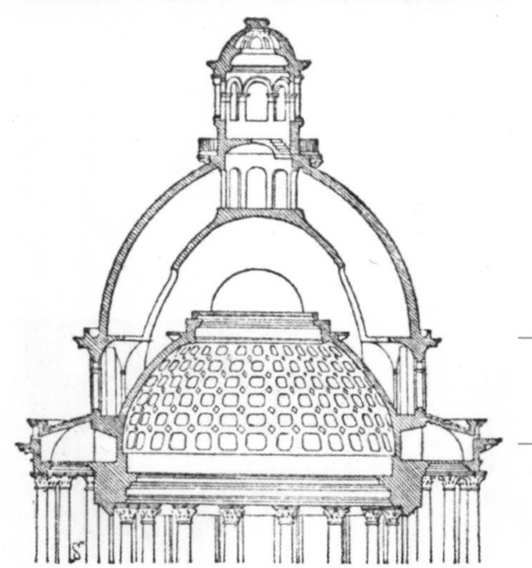

○ 파리 판테온
○ 파리 판테온 단면도

로만 인지된다.

로마 판테온의 돔이 특별하다는 것을 확인하는 데는 역시 비교가 효과적이다. 파리 판테온의 돔을 보자. 돔을 형성하는 반구를 원통 위에 올려놓았다. 반구형 돔이 기단 위에 올라앉은 모양새다. 이렇게 하면 돔이 위치하는 지점이 높아지고 멀리서도 잘 보인다.

로마 판테온에는 파리 판테온에서 볼 수 있는 돔의 기단부가 없다. 이유가 있을 것이다. 단면을 통해 우리는 그 이유를 유추할 수 있다. 완벽한 원이다. 누구에게나 보기 좋은 모습일 것 같은 돔을 드러내지 않는 것은 내부의 원을 완벽하게 만들기 위한 선택이다. 어쩔 수 없이 감수해야 한다. 당대 로마인은 돔이 제대로 보이지 않는 아쉬움을 무릅쓰고서라도 완벽한 원을 지키고 싶었던 것이 분명하다. 로마인들이 본 것은 원과 사각형의 결합, 그리고 완벽한 원이다. 이제 왜 그렇게 했는지 알아보자.

완전한 원형과 플로티노스의 일자론

당대 로마인들의 눈에 중요하게 들어온 것은 두 가지다. 하나는 형태적으로 볼 때, 원과 사각형의 결합이다. 이는 양식적인 측면에서 보자면 로마 전통 양식과 그리스 양식의 결합이다. 다른 하나는 완벽한 원이다. 이 두 가지가 당대 로마인들에게 던지는 의미를 잘 알려면 당시 그들에게 허락된 다른 선택지가 무엇이었는지를 살펴보는 것이 효과적이다.

만신전을 짓고자 했다면 그들에게는 확실한 선례가 두 가지 있었다. 하나는 직사각형 모양의 신전이고 다른 하나는 원형 신전이다. 이는 비트루비우스의 『건축십서』에서 확인할 수 있다.[32] 선례가 있었다는 것은 그것들이 사용 가능한 선택지였다는 뜻이다. 하지만 그들은 새로운 것을 만들어냈다. 원형 신전과 사각형 신전을 결합해 당대 로마 판테온과 같은 모습을 발명했다. 그렇다면 분명 이유가 있었을 것이다. 기존 방식을 따르지 않고 뭔가 새로운 것을 시도하는 데는 언제나 이유가 있기 마련이다.

다른 한 가지 중요한 사실은 '지극히 완전한 원형'을 추구했다는 점이다. 아무 생각 없이 보면 그냥 그러려니 할 수 있다. 하지만 로마 판테온을 지을 때 참조할 수 있었던 유사 사례와 비교하면 완전한 원의 의미를 알 수 있다. 산탄젤로성을 관찰하면 된다.

성의 윤곽은 분명 원이다. 하지만 내부에서는 어디서도 원의 존재를 찾아보기 힘들다. 반면, 로마 판테온은 외부 윤곽도 원이고, 내부 평면에서도 원이 분명하게 나타난다. 단면에도 원이 완전하다. 산탄젤로성 같은 형태도 하나의 가능한 선택지이지만 차용하지 않았다. 여기에도 분명 이유가 있을 것이다.

우선 원과 사각형의 결합을 살펴보자. 이는 한 인물로부터 실마리를 찾을 수 있다. 로마 판테온이 개축되던 서기 125년은 하드리아누스 황제 재임기다. 황제는 평소 그리스 문화에 관심이 많았다. 이런 관심은 그 당시의 일반인이라면 결코 누릴 수 없는 황제만의 특별한 경험으로 이어졌다. 제국 전역을 돌아본 것이다. 이 여정에서 하드리아누스에게 가장 큰 감동을 안긴 건 그리스 문화였다. 그는 이후 그리스 문화 애호가가 된다.[33]

하드리아누스의 그리스 선호를 단적으로 보여주는 예가 있다. '하드리아누스 황제 조각상'을 보면 알 수 있다. 그냥 보면 특별히 다를 것도 없어 보인다. 이럴 땐 또 비교가 효과적이다. 하드리아누스의 흉상 옆에 다른 로마 황제의 흉상을 가져다 놓은 아래의 사진을 보자. 이제 차이가 보인다. 누구라도 알아챌 만한 이 조각상의 특징은 덥수룩한 수염이다. 당연, 다른 황제는 수염 없는 깔끔한 모습이다. 이제 차이점을 찾았으니 도대체 그것이 무슨 의미인지를 알아야 한다.

하드리아누스 황제(좌부터), 트라야누스 황제, 페리클레스의 조각상

로마의 풍속에서는 수염을 기르지 않는다. 수염을 기르는 것은 그리스의 전통이다. 하드리아누스가 자신의 얼굴에 수염이 자라도록 둔 것은 그가 그리스 풍속을 좋아했기 때문이었다.[34] 이 정도면 그리스 문화에 대한 하드리아누스의 애정의 크기가 어느 정도인지 알 수 있다. 하드리아누스는 그리스 문화를 선망했다. 그렇다고 모든 것을 그리스식으로 할 수는 없었다. 자신은 로마 황제니까. 이럴 때 흔히 택하는 방식이 두 가지를 섞는 것이다. 그는 로마의 전통적인 형식과 그리스 양식을 결합하기로 한다. 로마 판테온의 전에 없던 특별한 형태는 이렇게 해서 탄생했다.

이제 살펴보아야 할 것은 완벽한 원이다. 왜 완벽한 원을 만들어야만 했을까. 이것을 알기 위해서는 당대 로마인들의 가치관을 들여다볼 필요가 있다. 가치관을 사상이란 말로 대신할 수 있을 것이다. 그리고 사상은 철학이라는 용어로 곧잘 포장된다. 이제 당시 로마인의 가치관을 형성했던 그들의 철학에 대해 알아볼 차례다.

이 또한 그리스 문화를 향한 동경으로부터 시작할 수 있다. 그리스 문화는 단순하고 명확하게 규정하기 어려운 점이 있다. 하드리아누스는 그리스 문화의 다양한 측면을 접했을 테고, 개중 선택적으로 어느 일부를 더 중요하게 받아들였는지는 분명하다. 우리는 지금부터 그게 무엇인지를 알아볼 것이다.

제국을 건설한 로마인들은 그리스 문화를 받아들였다. 당연히 그리스 철학을 수용했을 것이다. 그런데 거기에 다양한 경향이 있었을 것이다. 흔한 대별 방식에 따르자면 플라톤 철학과 아리스토텔레스 철학이 있었다. 당시 로마인들이 수용한 그리스 철학은 플라톤에 가까웠다. 이렇게 말할 수 있는 근거는 로마에 플로티노스가 있기 때문이다. 플로티노스는 신플라톤주의자라고 불린다. 물론 그가 그리스 철학 중 플라톤의 관점을 수용했다고 명확히 밝힌 것은 아니다. 서기 3세기 중반, 그의 철학이 플라톤의 것과 일치하는 면이 많기에 그리 이름을 붙었을 뿐이다. 플로티노스 철학을 살펴볼 필요가 있다.

플로티노스 철학은 '일자의 철학'이라 부른다. 유일한 무엇 하나가 있어서 그로부터 이 세상 만물이 태어난다는 철학이다. 이 일자로부터 지성·영혼·세상 만물이 발현된다. 모든 것이 일자로부터 발현되지만 이들 간에는 우열이 있다. 일자가 흘러나와 지성을 이루고, 그다음 영혼을 이루고, 더 나아가 물질세계를 구축한다. 일자에 가까울수록 우수하고 멀수록 열악한 것이 된다. 영혼을 품고 태어난 인간은 목표를 갖고 움직인다. 그 목표는 일자로 되돌아가 하나로 합해지는 것이다. 플로티노스 철학을 요약하자면 이런 내용이다. 일자의 자리에 플라톤의 이데아를 가져다 놓으면 두 철학은 동일한 것이 된다.

플로티노스 철학으로 대변되는 로마인의 정신세계에서 물질세계는 일자의, 플라톤식으로 말하자면 이데아의 불완전한 모사에 불과하다. 건축은 모사를 통해 물질세계를 다루는 행위다. 그리고 그 모사는 이데아, 다시 말해 일자를 지향해야 했다. 어떤 방법이 있을까? 보이기에 완벽한 것은 어차피 불완전한 모사다. 그렇다면 보이는 양태에 집착할 필요가 없다. 여기서 로마 판테온의 로마인은 파르테논 신전의 그리스인과 다른 방법을 찾는다. 겉보기보다는 상상하기에 완벽한 것을 찾았다. 상상 속 가장 완벽한 형태라면, 바로 원이다. 플라톤에게 구(sphere)는 다른 어떤 형상보다 완전하고 균형 잡힌 형상으로 간주된다.[35] 이는 플로티노스에게도 마찬가지다. 플로티노스 철학이 당대 사상을 반영한다는 걸 고려하면 로마인들 역시 구를 어떤 형상보다도 완전한 것으로 여겼을 것이다.

당대 로마인들에게는 가장 이상적 형태인 구를 완전하게 표현하는 것이 중요했다. 산탄젤로성의 원은 그 이상에 미치지 못하는 형태였을 것이다. 평면에서도, 단면에서도 원이 확실하게 인식되어야 한다. 이를 만족시키자면 로마 판테온의 구는 그리될 수밖에 없다. 당시 로마인들은 플로티노스에 의해 소개된 플라톤식 색안경을 쓰고 있었다.

플로티노스에 의해 계승된 플라톤의 영향은 서양 건축사에서 로마 판테온 이후로도 오랫동안 이어졌다. 이유는 명쾌하다. 초기 기독교가 교리를 구축하는 데 플로티노스의 일자만큼 효과적인 것이 없었기 때문이다. 플로티노스의 일자를 시작으로 플라톤의 이데아는 초기 기독교 철학으로 이어졌다.[36] 현대인들은 그들의 철학을 교부 철학이라고 부른다. 그렇다면 초기 기독교 건축에 플라톤 철학이 반영되는 것은 매우 자연스러웠을 것이다.

서양 건축사는 곧 플라톤의 색안경이 짙게 드리워진
기독교 건축물을 만나게 된다.

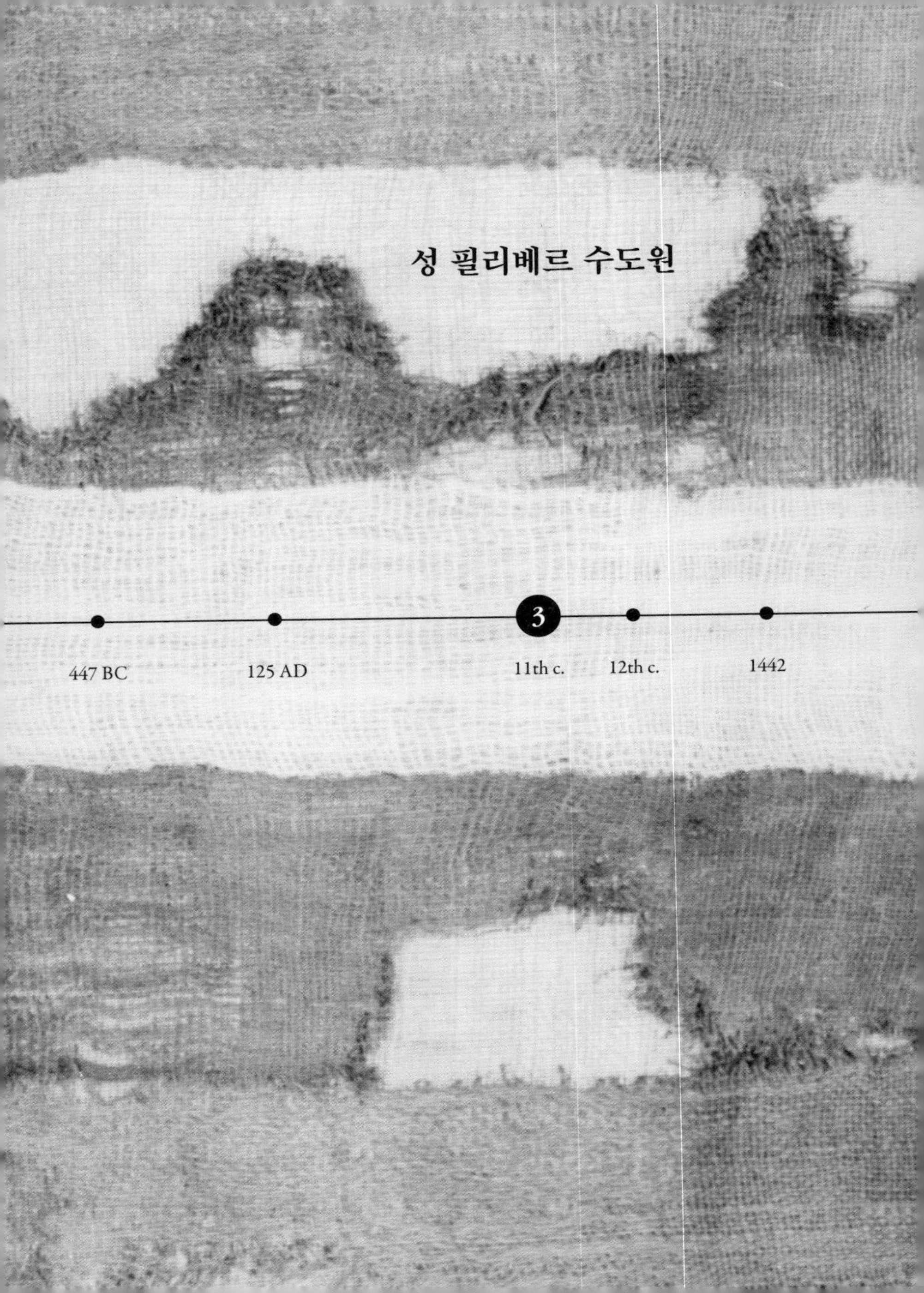

성 필리베르 수도원

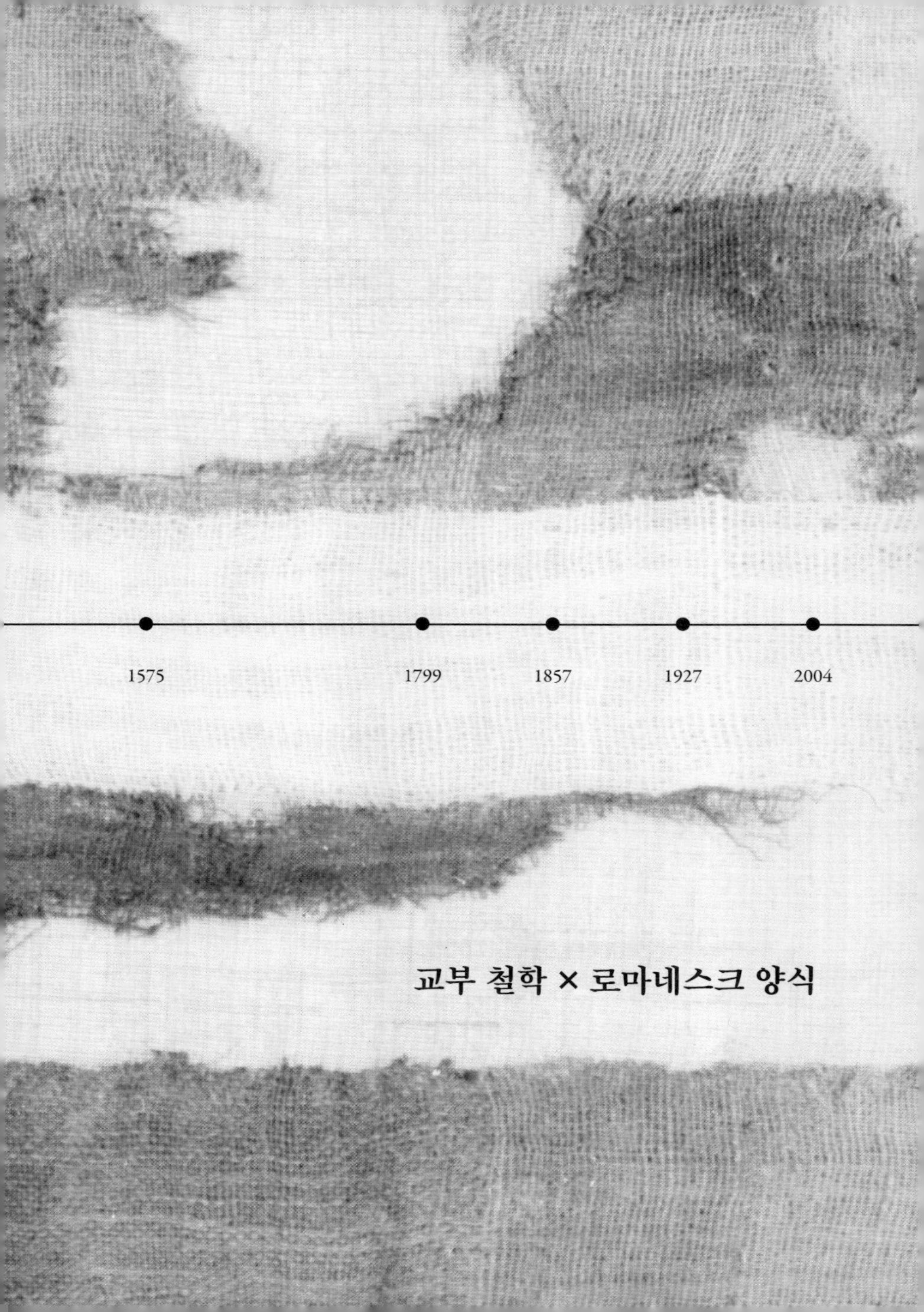
1575
1799
1857
1927
2004
교부 철학 × 로마네스크 양식

투박함과 세련미는 어디서 온 걸까

프랑스 파리 남동쪽에 있는 유서 깊은 도시, 디종의 구도심을 거닐면 4~5층 규모의 고풍스러운 건물들을 만날 수 있다. 그 사이로 난 골목길을 따라가 보면 시야를 딱 가로막고 선 큰 건물이 나타난다. 성 필리베르 수도원(Abbaye Saint-Philibert de Tournus)이다. 주변과 같은 재료를 사용했고, 그 위에 별다른 채색을 더하지 않아 수도원 건물과 여타 건물들은 하나의 묶음으로 보인다. 차이라고 할 것은 규모, 그 크기 외에는 없는 듯하다.

성 필리베르의 첫인상은 묵직함이다. 그리고 상대적으로 큰 규모임에도 불구하고 그리 튀지 않는 차분한 인상이다. 하지만 종교 건물이 그런 느낌만 드는 것은 아니다. 묵직하다 못해 그 중량감으로 인해 압도적인 인상을 전하는 건물도 있다. 로마 성 베드로 대성당(Basilica Papale di San Pietro in Vaticano)이 대표적이다.

로마 성 베드로 대성당

성 필리베르 수도원 외관

같은 종교 건물도 이처럼 다양한 인상을 준다는 사실로 미루어, 성 필리베르 또한 구현 가능한 여러 인상 중 원하는 것을 콕 집어 골라냈을 거라는 추론이 가능하다. 성 필리베르에 다가가면 당연히 좀 더 자세한 것이 보이고, 멀리서 보이는 외관이 주는 인상에 세세한 감상이 가미된다. 가까이서 보이는 것은 벽돌을 쌓아 올린 외벽이다. 벽돌로 쌓아 올린 외벽은 전 세계 어디서나 볼 수 있다. 유럽의 중세 도시에서는 흔하지만 특히 성 필리베르의 벽돌 외관은 유별나다. 왜냐고? 이렇게 넓은 면적을 감싸고 있는 규모의 벽돌 벽은 보기 힘들기 때문이다. 그리 크지 않은 건물의 벽면이 벽돌로 채워진 것과 성 필리베르 정도로 넓은 면이 벽돌로 채워진 것은 단지 양적인 차이가 아니라 질적인 차이로 드러난다. 성 필리베르는 스스로의 무게로 주저앉을 수 있을 듯한 정도의 묵직함이다.

정면에서 바라보면 좌상부의 첨탑이 눈에 들어온다. 첨탑 이외의 부분들과는 좀 다른 느낌이다. 첨탑을 지지하는 작은 기둥들, 섬세하게 짜인 부재들이 보인다. 첨탑 이외의 부분은 몽땅 벽돌 쌓기로 마감한 탓에 디테일이 없는데도 말이다. 첨탑은 이질적이다. 첨탑 이외 부분이 투박하게 쌓아 올려진 것과 다르게 매끈한 외관을 보여주니 그렇다. 첨탑이 눈에 띄는 것은 분명하다.

사실 첨탑이 특별히 달라 보이는 것은 당연하다. 나중에 지어진 부분이기에 그렇다.[37] 큰 성당들은 대개 수십 년 혹은 수백 년에 걸쳐 지어진다. 그 과정에서의 취향 변화는 자연스러운 일이다. 첫 삽을 뜬 시점에는 투박한 멋이 좋겠다고 생각했지만, 시간이 흐르면서 성당 건축에 결정 권한이 있는 누군가가 좀 세련된 눈맛을 원했던 모양이다.

성 필리베르 수도원 벽면의 아치

외관에서 느껴지는 묵직함의 요인은 재료에만 국한되지 않는다. 개구부가 적다는 점도 지적할 만하다. 성 필리베르는 내부를 꽁꽁 싸매두고 밖으로 노출하기를 싫어하는 요새같이 보인다.

잠시 멈춰 성 필리베르의 묵직한 벽면을 바라보면 우리 눈에 쏙 들어오는 형태적 특징을 관찰할 수 있다. 아치다. 그런데 이게 좀 색다른 맛이다. 나중에 좀 더 자세하게 얘기하겠지만 우선 간단히 말하자면 좀 펑퍼짐한 아치다. 높이 솟아오르는 맛은 전혀 없다.

내부에 들어가 보자. 그 느낌도 외부와 큰 차이는 없다. 외부만큼 투박하지는 않지만, 벽의 마감이 단순하다. 별다른 장식도 없다. 내부가 무미건조하다는 것은 꼼꼼히 훑지 않아도 알 수 있다. 하지만 그 무미건조함이 장식이 없어서 그렇다는 것을 확인하려면 불가피하게 다른 성당과 비교해야 한다.

흔히 고딕 양식이라고 부르는 성당 내부와 비교해 보면 그 특징이 잘 드러난다. 내부에서 벽은 벽, 기둥은 기둥, 창은 그저 창이라고 명쾌하게 자신의 정체를 밝힌다. 그런데 프랑스 사르트르 대성당(Cathédrale Notre-Dame de Chartres) 쯤 오면 사정이 달라진다. 사르트르 내부에서는

사르트르 대성당 내부

벽도, 기둥도, 창도 그냥 내버려두지 않는다. 기둥은 수직으로 조각을 내었다. 이런 기둥은 특별히 '피어(pier)'[38]라고 부른다. 여러 개의 수직 조각으로 구성되는 피어는 이게 기둥인지 뭔지, 짧은 순간이나마 헷갈리게 한다. 벽은 그대로 노출되는 법이 없다. 다양한 문양과 채색으로 가득 차 있다. 여기서도 기둥을 보고 헷갈리는 것과 마찬가지인 상황이 벌어진다. 벽의 존재를 인식하는 데 약간의 어려움이 따른다. 창은 어떤가? 사르트르 대성당의 창은 대부분 스테인드글라스로 장식되어 있다. 창의 면 분할이 다채롭고 색채가 현란하다. 창을 창이라고 인지하기까지는 이런 분위기에 익숙해질 시간이 좀 필요하다.

성당 건축에서 시선이 최종적으로 머무는 곳은 역시 제단이다. 성 필리베르의 제단은 매우 단출하다. 흔히 제단은 바닥을 높이거나 상부에는 닫집 같은 것을 만들어서 그 영역을 강조한다. 성 필리베르에서는 그런 노력이 보이지 않는다. '저기가 제단인가?'라는 머뭇거림과 추측이 필요할 정도다. 상부에 닫집도 보이지 않는다. 여기서도 비교가 효과적이다. 다른 익히 유명한 대성당의 제단과 비교를 하는 순간 그 제단의 특징을 알 수 있다.

외관이든 내부든 성 필리베르의 특징은 묵직함과 간소함이다. 이런 면에서 일관성이 돋보인다. 그런데 이런 일관성을 깨뜨리는 몇 가지가 눈에 띈다. 전혀 중세 성화같지 않은 회화로 장식된 제단이 그렇다. 그리고 주두를 장식하는 동물 형상이 그렇다. 내외부에서 공통으로 풍기는 묵직함과 차분함을 깨뜨리는 파격은 도대체 어디서 온 것일까?

우리는 지금의 성 필리베르를 보고 있다. 하지만 우리가 정작 얘기하려고 하는 것은 지어졌을 때인 11세기의 모습이다. 우리는 알고 싶은 것은 당대인들은 무엇을 보고, 무엇을 좋아했는가다. 그리고 왜 그랬는가다. 당연하게도 우리가 보는 현재의 성 필리베르는 시간의 흐름에 따른 변화가 누적된 모습이다. 여기서 걷을 것은 걷고 사라진 것은 채워야 한다.

현대 회화처럼 보이는 그림으로 장식한 제단은 예수님 외의 성인을 모시기 위해 최근에 만든 것이다. 중세 성당들이 상당히 오랜 기간 지어지면서 부분적으로 다른 스타일을 보여주는 것과 마찬가지로, 이 제단은 현대인의 취향을 반영하고 있다. 지금 보이는 모습에 초점을 맞추자면 이 제단도 성 필리베르의 일부임이 틀림없다. 하지만 우리는 이 제단을 눈앞

성 필리베르 수도원 내부와 제단

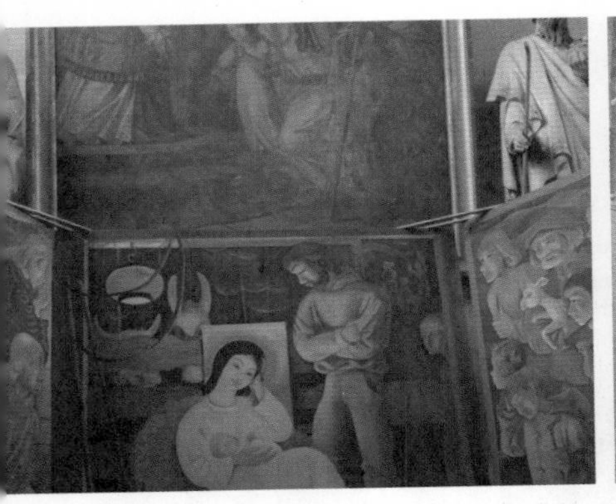

성 필리베르 수도원 제단의 현대적 회화(좌부터), 오르간, 기둥 주두의 동물상

에서 지워야 한다. 있어도 없는 것처럼, 보여도 안 보이는 듯이.

제단 외에도 소박하고 둔중한 느낌의 성 필리베르와 어울리지 않는 듯한 요소들이 꽤 있다. 특히 오르간이 그렇다. 상당히 정교하게 조각된 오르간이 특히 눈에 띈다. 이 역시 당대의 물건이 아니다. 17세기에 부가된 것이다.[39]

현대 회화 느낌이 팍팍 나는 제단이나 오르간처럼, 보자마자 '나는 당대의 것이 아니야'라고 말하는 것들이 보인다. 당대의 성 필리베르를 재현하기 위해서 이런 것들을 우리 머릿속에서 지워버려야 마땅하다고 판단하기란 어렵지 않다. 그런데 주두 위에 조각된 동물상들은 좀 어렵다. 언뜻 보아서는 현대의 것으로 보이지 않는다. 중세 조각이라고 봐도 무방할 듯하다. 동물상의 연대를 추정하기 위해 성상(聖像)의 역사를 간략하게 살펴보자.

눈으로 보지 않고도 믿는 것이 진실한 믿음이라고 하나 보통 사람들에게는 그것이 어렵다. 기독교가 공인되고 교세를 확장하던 초기, 하나님의 상을 만드는 것은 엄격하게 금지되었지만 사람들은 하나님을 좀 더 구체적으로 느끼고 싶었다. 이런 맥락에서 성상 논쟁이 격렬하게 아주 오랜 기간에 걸쳐 이루어졌다. 유럽 대륙의 보편 종교가 되다시피 한 기독교는 하나님의 존재를 좀 더 구체적으로 느끼고자 하는 사람들의 염원을 더는 무시하기 어렵게 되었다. 드디어 그레고리 대교황 시기에 이르러 기독교는 성상 제작을 부분적으로 용인한다. 대략 서기 7세기경의 일이다.[40] 성상이 허락되기는 했지만 극히 제한적이었다. 문자를 읽지 못 하는 이들에게 성경의 말씀을 전하는 수단 외의 상 제작이나 그림은 금지되었다.

성 필리베르 수도원은 서기 1000년경의 건축물이다. 성상 허용 이후로 꽤 시간이 지났으니, 다른 종류의 상들도 허락되었을 수 있다. 성 필리베르와 같은 로마네스크 양식의 성당에서 동물상을 종종 찾아볼 수 있다. 이런 맥락에서 동물상은 당대의 것으로 보아도 좋을 듯하다. 하지만 성 필리베르의 기이한 동물상에 지나친 관심은 금물이다. 그것에 집착하다 보면 성 필리베르에서 강조하고자 한 의도가 희석될 수 있다.

이만하면 성 필리베르 내부에서 당대의 것이 아닌 것은 대체로 정리되는 듯하다. 이제 밖으로 나가보자. 앞서 언급한 것처럼 정면에서 바라봤을 때 첨탑의 생김새는 나머지와 썩 어울려 보이지는 않는다. 첨탑이 아예 없는 모습을 상상할 필요는 없다. 첨탑 위에 올라앉은 건물 형상을 단순화한 정도로만 두자.

지금과 당대의 성 필리베르 간의 가장 큰 차이는 역시 주변 건물이다. 지금은 4~5층짜리 건물로 꽉 찬 도심 골목길을 통해 성 필리베르를 만나지만 과거에 이런 높은 건물들이 주변에 빽빽하게 들어찼을 리가 없다. 기껏해야 2층 목조 건물들이 듬성듬성 있었을 것이다. 어디서나 성 필리베르가 보였을 것이고, 이어지는 길이 있었을 것이며, 공터도 펼쳐져 있었을 것이다. 그렇게 상상하자. 이제 성 필리베르가 지어진 서기 1000년경의 모습만 남았다.

이런저런 것을 제하고, 당시 도시 모습을 이리저리 추정해 봤다. 그런 추정대로 존재했다고 하자. 그러면 비로소 우리가 당대인들과 같은 모습을 보고 있는 것일까? 그렇지 않을 것이다. 사람은 같은 것을 눈앞에 두고도 다르게 본다. 이유는 앞서 말한 것처럼 우리는 눈에 보이는 것을 그대로 받아들이기보단 보이는 대로의 정보를 뇌가 나름대로 해석한 것을 보기 때문이다. 여기서 중요한 것은 모두의 뇌가 동일하게 해석하는 것이 아니고, 각자 나름의 방식대로 해석한다는 점이다. 뇌는 뇌 소유자의 지식과 경험에 의존한다.

어떤 사람이 SNS에 자기 손 사진을 올렸다. 사진에는 이런 설명이 붙어 있다. 겨울이 다가와서인지 손이 거칠어졌다고. 이렇게 글을 붙여 놓았으니, 그 사진은 분명 손 사진이다. 그런데 누군가는 그건 손 사진이 아니라고 한다. 손목에 채워져 있는 시계 사진이라고 한다. 그 시계가 명품이라고 한다. 그 시계가 명품이라는 것을 알 만한 지식이 있는 사람은 같은 사진이라도 다르게 본다. 누군가 자랑하고 싶은 것을 은근슬쩍 자랑할 때 이런 수법을 자주 사용한다는 것을 아는 사람 역시 사진을 자기 관점으로 이해한다. 차고 있는 시계가 명품이라는 것을 알아차릴 만한 지식과, 누군가 이렇게 우회적으로 자기 자랑을 한다는 걸 아는 사람은 그 사진이 손 사진이 아니고 시계 사진이라고 할 것이다.

우리는 지금까지의 논의를 통해 관찰되는 물리적 대상의 형태적 특징을 확정해도, 사람마다 각기 다른 것을 본다는 걸 알고 있다. 당대인들이 보는 성 필리베르 수도원은 지금 우리가 보는 것과 분명 차이가 있다.

외관부터 따져보자. 우리 눈에 가장 띄는 것 중 하나는 묘하게 평퍼짐한 아치다. 왜일까? 현대 건물에선 아치를 많이 사용하지 않는 데다, 우리가 많이 봤던 아치와 다른 형태를 보이기 때문이다.

성 필리베르의 아치는 구체적으로 말하자면 정확하게 반원형 아치다. 이 반원형 아치는 대략 서기 1200년경 서양이 이슬람으로부터 수입해서 알게 된 또 다른 형태의 아치에 의해 대체되었다. 아치 정상부가 뾰족한 각도로 만나는 형태인데, 그 덕에 '첨두아치'라는 이름을 얻었다. 첨두아치의 도입 이후 평퍼짐한 반원형 아치는 드물게 사용되었다. 좀 더 정확하게 표현하자면 일부러 반원형 아치가 사용되었던 시기의 느낌을 되살리고자 하는 장식이 아니라면 사용되지 않았다. 이런 이유로 성 필리베르의 반원형 아치는 첨두형 아치를 자주 본 우리에게는 특별해 보인다. 하지만 당대 사람들은 첨두형 아치를 본 적이 없다. 그들이 보던 아치는 몽땅 반원형 아치다. 그게 특별했을 리 없다. 그렇다고 해서 그들 눈에 반원형 아치가 안 보였다는 얘기는 물론 아니다. 별반 대수롭지 않게 여겼을 것이라는 정도다. 이제 남는 것은 규모와 표면의 투박함이다.

성 필리베르에서 관찰되는 투박함은 현대인의 눈에나 보이는 투박함이다. 건물 외장재 표면의 평평한 정도를 백분의 일 정밀도로 따지는 우리 눈에나 투박할 뿐이다. 하지만 과거 성 필리베르가 지어지던 시기의 사람들 눈에는 정교해 보였을 것이다. 어느 정도냐면 성당 건물이나 되니 볼 수 있는, 주변 흔한 건물에서는 결코 찾아볼 수 없는 경이로움이었을 것이다. 당대인의 지식과 경험을 고려해 보자. 규모로 인한 놀라움과 당대

성 필리베르 수도원의 아치
고딕 성당의 첨두형 아치

고도의 기술로 만든 경이롭게 매끈한 벽면, 이것들만 남는다.

이제 안으로 들어가 보자. 높은 천장, 그리고 그 천장을 떠받치고 있는 육중한 기둥. 한 마디로 외부에서는 건물 규모가, 내부에서는 공간 규모가 엄청나다. 내부 공간 크기는 외부에서 보이는 것보다 더 감동적이다. 당연하게도 그렇다. 외관의 크기만 놓고 본다면 당대 사람들에게 성 필리베르보다 더 거대한 것이 많았다. 산이 그렇다. 하늘 높게 뻗은 나무도 성 필리베르만큼 크게 보였을 것이다. 하지만 이런 내부 공간은 본 적이 없다. 당시에 비교할 만한 내부 공간이라곤 동굴이 전부였을 텐데, 그렇다고 성 필리베르만큼 큰 동굴을 본 적이 있었을까? 성 필리베르는 틀림없이 당대인이 마주한 가장 커다란 규모의 내부 공간이었을 것이다.

밖에서 바라보는 외벽이 경이로움의 대상이었다면 이제 내부 벽은 또 다른 특별함으로 다가온다. 벽에 의해 엄청난 두께로 완전하게 밀폐된 공간이 만들어진다. 상부에 난 작은 창들을 통해 쏟아지는 빛이 있다. 하지만 그 빛은 바닥에 닿기도 전에 실내 공간에 스며들어 사라진다. 사람이 앉거나 서는 위치에는 어둠만 있을 뿐이다. 이런 내부에서 당대인들이 본 것은 안정감이었을 것이다. 우리 현대인들이 보지 못 하는 바로 그것, 그것은 경이로움이고 안전함이다. 신은 경이로운 존재로서, 우리를 안전하게 보호한다. 이 공간은 종교가 인간에게 주는 느낌을 완벽하게 표현하고 있다.

플로티노스가 끼워준 플라톤의 색안경

이제 경이로움과 안전함의 이면을 들여다볼 차례다. 두 상태는 그 자체로 그냥 주어지고, 얻어지는 것이 아니다. 사람이 갖는 것은 뭔가 버리고 바로 그것만을 가졌을 때만 주어지는 것이고, 가질 수 있는 것이다. 당대인들은 경이로움과 안전함을 위해 무엇을 버렸을까? 그리고 어떤 까닭으로 그러한 선택을 했을까? 질문을 이렇게 바꾸어볼 수도 있다. 왜 경이로움과 안전함이 다른 무엇과도 바꿀 수 없는 최고의 가치라고 생각했을까?

당대인들의 생각을 들여다보자. 우리가 관심 가져야 할 것은 시각·촉각 등 감각 기관에 의해 인지되는 무언가를 마주한 당대인들이 그 양태와 운동 방식을 파악할 수 없을 때 취하는 태도다. 그것이 왜 중요한가? 이 질문에 답하자면 이런 예가 좋을 것 같다. 사람이 살다 보면 불행은 피하고 싶고, 행운은 또 만나고 싶다. 그런데 관찰 대상이 어떤 양태로 존재하고 어떻게 작동하는지 알지 못 하면 그 불행과 행운은 피할 수 없고, 원한다고 만날 수도 없다.

이걸 모를 때, 고대인들은 그것들 뒤에 신을 붙여 놓았다. 고대인들이 상정한 신이라는 존재가 지닌 속성 가운데 중요한 것은 사람들이 모르는 방식으로, 또는 이해할 수 없는 방식으로 인간 스스로 변화를 일으키게 하는 능력이다. 신에게는 또 한 가지 능력이 있다. 특별한 방식으로 인간과 소통하는 능력이다. 사람들은 일어날 일들에 대해 알고 싶으면 신에게 물어보게 되었다. 중세 유럽, 특히 성 필리베르가 지어질 즈음 신은 하나만 남았다. 기독교의 하나님이 유일한 신이었다. 성 필리베르 시대의 사람들은 하나님에게 묻거나 빌면 되었다.

그 옛날 고대인들, 그리스인과 이오니아인 그리고 로마인들이 스스로 생각해서 관찰 대상의 존재 양태와 운동 방식을 깨달을 수 있다고 믿었다는 사실조차도 까마득하게 잊어버리게 되었다. 사람들은 생각을 하지 않게 되었다. 아니 할 필요가 없었다. 오로지 신의 은총으로만 불행을 피할 수 있었고 행운을 만나기를 바랐다. 이를 간략하게 요약하면 바로 기독교 교부들의 철학이다.[41] 인간의 길흉화복은 신이 주관하는 일이고, 모든 것은 오로지 신의 은총으로만 가능하다. 신의 은총론은 아우구스티누스에 의해, 인간의 감각으로 관찰되지만 존재 양태나 운동 방식을 알 수 없는 그런 존재를 내 편으로 만들 수 있는 유일한 방법으로 정리된다. 이런 아우구스티누스의 신앙 구조를 살펴보면 그곳에 플로티노스가 자리 잡고 있음을 알 수 있다. 아우구스티누스가 말하는 은총은 플로티노스의 일자로부터 흘러나온다. 플로티노스가 어느 날 갑자기 하늘에서 뚝 떨어졌을 리 없다. 플로티노스는 플라톤의 영향을 받았다.

플라톤의 이데아론은 플로티노스의 일자론으로 이어졌고, 일자의 자리를 기독교의 신이 차지하게 되었다. 이렇게 말할 수도 있다. 기독교의 신이 일자의 존재임을 플로티노스적 사고와 플라톤 철학을 이용해 알게 된 것이라고. 이때부터 길흉화복은 인간이 걱정할 일이 아니게 된다. 오로지 일자로부터 비롯되어 인간에게 쏟아지는 그것으로, 그것이 어떤 모양으로 개별자에게 드러날지는 오로지 신의 은총에 말미암을 뿐이다.

이런 세계관과 가치관을 믿고 살아가는 이들에게 가장 중요한 것은 신의 은총을 구하는 일뿐이다. 신의 은총을 기원할 수 있는 존재와 행동만이 가치 있고 아름다운 것이 된다. 그리스나 로마의 조각에서 보이는 이상적인 모습의 남성과 여성이 아름다워 보이지 않는다. 그것은 개별자에게 닥칠 불행과 행운의 털끝도 건드리지 못한다. 하지만 개별자의 불행과 행운은 눈앞에 와 있다. 단지 보지 못할 뿐. 이들 눈에 아름다울 수 있는 것은 불행을 비켜 가게 하고, 행운을 맞이하게 해 줄 그것, 은총뿐이다.

고대인들은 인간이 스스로 생각하여(이오니아 철학자들), 때로 신과의 거래를 통해(고전기 그리스인과 로마인) 불행과 행운을 어느 정도 통제할 수 있을 것이라 믿었지만, 성 필리베르가 세워질 시기의 사람들에게 불행과 행운의 통제는 그저 신만이 할 수 있는 일이었다. 이들의 눈에 아름다운 것은 신적인 가치를 지닌 것뿐이다. 경이로움이 신적 가치이고, 신이 인간을 보호해 준다는 느낌이 들게 하는 것이 바로 안전감이다. 성 필리베르의 사람들에게는 경이로움과 안전감이 최고 가치였다. 그들이 플로티노스가 제공한 플라톤제 색안경을 쓰고 있었기 때문이다.

성 필리베르에서 더 많은 빛은 불필요하기도, 불가능하기도 했다. 은총을 얻는 데 신을 바라보는 빛이 필요하지 않았기 때문이다. 더 많은 빛이 불가능한 것은 건축 기술의 한계 때문이었다. 신의 은총을 얻기 위해 단지 믿음만이 아니라 더 적극적인 행위가 필요해진다면,[42] 또한 더 많은 빛을 실내로 끌어들일 수 있는 기술을 갖게 된다면 어떤 일이 벌어질까?

로마네스크 양식으로 분류되는 성 필리베르의
뒤를 이어 등장하는 고딕 양식에서 곧 확인할 수 있게 된다.

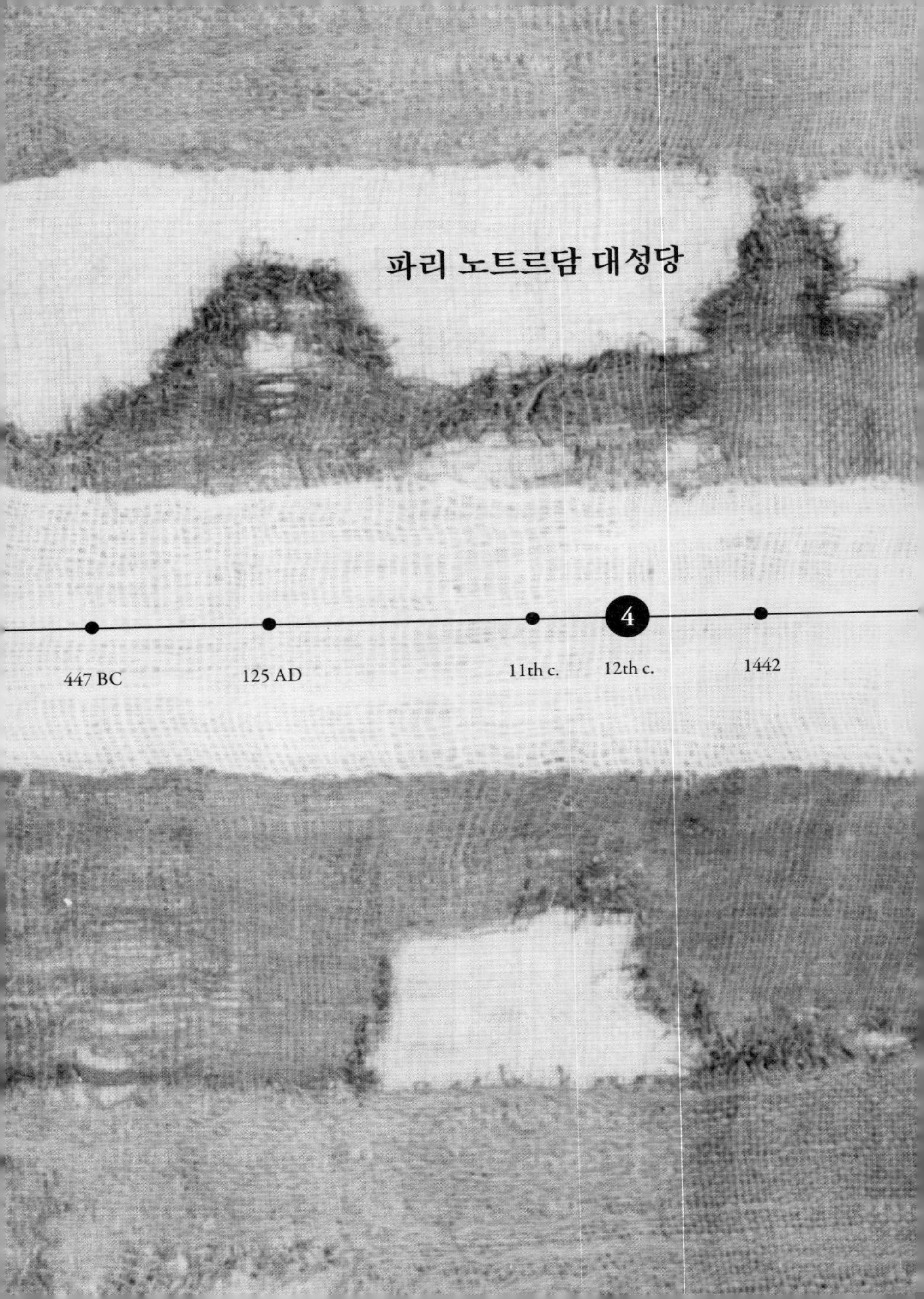

파리 노트르담 대성당

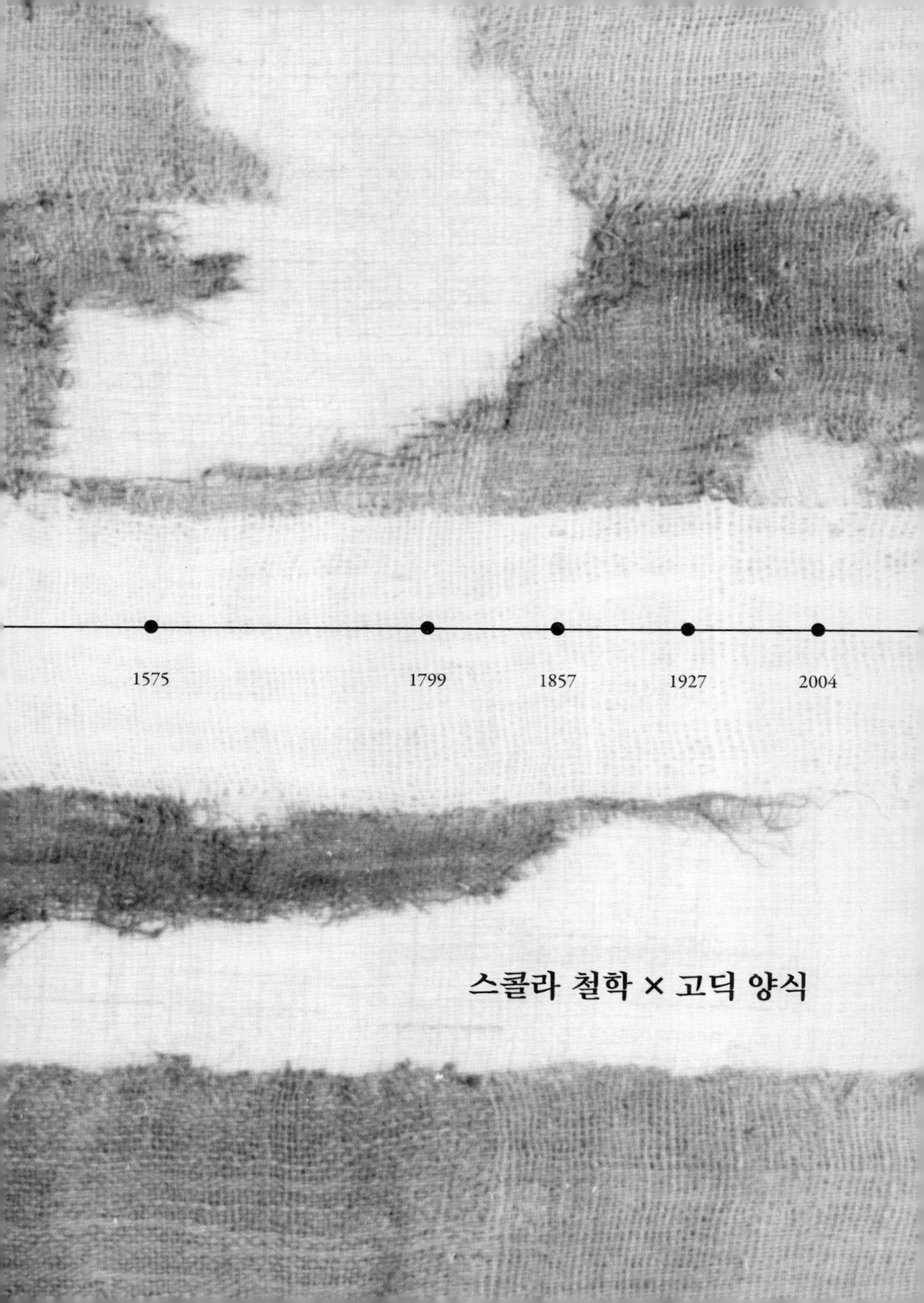
1575
1799
1857
1927
2004
스콜라 철학 × 고딕 양식

건축물이 높아지면 얻는 것들

이제부터 유럽 여행을 가면 가장 많이 보게 되는 고딕 성당에 관해 이야기해 보자. 관광차 들르는 성당에서는 인파에 밀려다닌다. 성당에서 도대체 무엇을 봤는지조차 생각나지 않는 때도 있다.

파리의 노트르담 대성당(Cathédrale Notre-Dame de Paris)도 크게 다를 것이 없다. 관광객에 밀려서 한 바퀴 휙 돌아 나오면 끝이다. 눈으로 본 것은 셀 수 없이 많지만 떠오르는 것은 없다. 그게 뭔지 모르고 본 탓에 기억이 잘 나지 않는 것은 어쩌면 당연하다. 많은 시간과 적지 않은 경비를 들였는데, 이것만큼 아까운 것도 없다. 가성비를 챙기고 싶은 생각이 드는 것도 당연하다. 그럴 땐 이 방법을 추천한다. 틀을 세우고, 그 틀을 통해 보라고. 무언가를 제대로 관찰하고 오래도록 기억하려면 분석의 틀이 필요하다.

유럽의 성당은 천 년이 넘는 긴 시간에 걸쳐 발전했다. 당연히 똑같은 모양이 유지됐을 리 없다. 초기 기독교는 로마의 바실리카를 개조해서 종교 공간으로 사용했다. 이후 성당을 새로 지을 때도 바실리카와 비슷하게 지었다. 시간이 흐르면서 기독교 의례도 발전했고, 이에 따라 성당 건축도 변모했다. 앞서 살펴본 성 필리베르 같은 로마네스크 양식은 고딕 양식으로 발전했다. 파리 노트르담 대성당은 고딕 양식이 완성되는 시기의 성당이다. 노트르담 전후는 노트르담을 기본 틀로 삼아, 조금씩 변형해서 이해할 수 있다.

고딕 성당의 틀을 살펴보자. 전체적으로 볼 때는 십자가 모양이다. 십

파리 노트르담 대성당

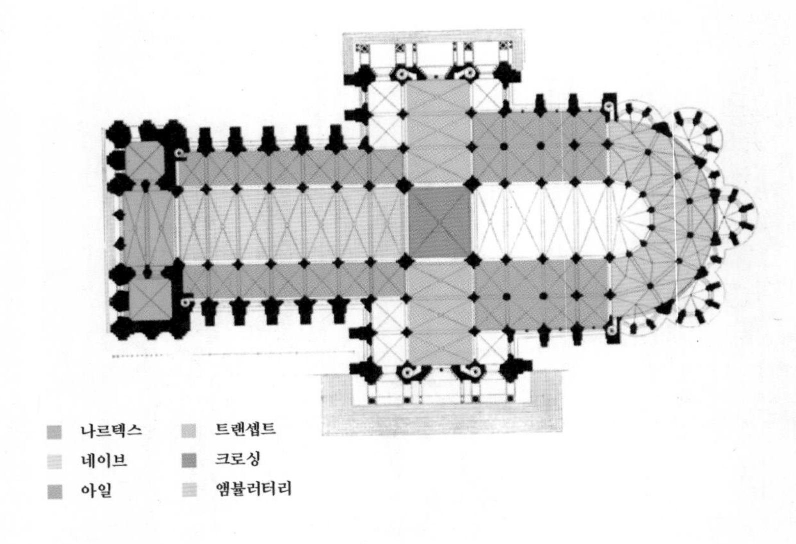

고딕 성당의 평면 구조

자가의 긴 축 방향에 정문이 있다. 정문에 들어서면 작은 방이 있다. 이 방을 나르텍스(narthex)라고 부른다. 나르텍스에 이어 큰 방이 있다. 이 방을 본당, 네이브(nave)라고 부른다. 본당 양옆에 자리한 복도는 측랑, 아일(aisle)이다. 본당 다음에 십자가 모양의 교차부가 나온다. 이 교차부에서 양옆으로 팔을 벌리듯 늘어선 공간이 나온다. 이곳을 트랜셉트(transept)라고 부른다. 십자가 모양의 교차부에는 제단이 놓인다. 그리고 이 제단 뒤쪽으로 돌아갈 수 있는 복도가 설치된다. 이 복도를 회랑, 앰뷸러터리(ambulatory)라고 부른다. 여기까지가 고딕 성당의 기본 틀이다.[43] 모든 성당이 이와 유사한 공간 구조를 갖는다. 이제부터 이 틀을 머릿속에 담아 두고 파리 노트르담 대성당을 둘러보자.

우선 문. 앞 장의 사진을 보자. 성당 앞에서 서면 문이 보인다. 세 개가 있다. 가운데에 큰 문이 있고, 양옆으로 작은 문이 붙어 있다. 웬만한 눈치면 안다. 가운데 문은 사람이 아니라 하나님을 위한 문이다. 이제 필요한 것은 사람을 위한 문. 두 문의 크기가 같을 수 없다. 사람용 문을 작게 만든다. 그러면 균형이 맞지 않는다. 이 문제를 해결하기 위해 큰 문을 가운데에, 작은 문을 양옆에 두어 대칭 형상을 만든다.

안으로 들어가기 전에, 문이 달린 정면을 살펴봐야 한다. 눈여겨봐야 할 것은 좌우 문 위에 설치된 종탑이다. 멀리서도 보일 수 있도록 하는 게 주요 목적이다. 이는 두 가지 방법으로 구현됐다. 하나는 높이, 다른 하나는 소리다. 초기 기독교 교회가 로마 바실리카 건물을 재사용했다던 말을 기억해 보자. 거기에 첨탑은 없었다. 이후 추가 과정에서 첨탑이 한쪽에만 설치되기도 했다. 앞서 살펴본 성 필리베르가 좋은 사례다. 이후 점차 양쪽에 첨탑이 설치되었다. 물론 이것도 당연히 형태로부터 인지되는 시각적 균형 때문에 그런 것이다. 대칭을 이용해 시각적 균형을 잡았다. 이런 대칭적 형태에는 쉽게 권위가 부여된다.

안으로 들어서면 작은 방을 만난다. 포치다. 방이라곤 해도 사방이 벽으로 둘러싸인 건 아니다. 문을 열고 들어서는 쪽으로 막혀 있는 벽이 없다. 걸어가면서 전개되는 큰 방에 작은 방이 붙어 있는 느낌을 준다. 이 포치의 역할은 무엇일까? 성당 밖은 세속적인 공간이고, 안은 성스러운 공간이다. 성스러움에 다가가기 위해서는 마음의 준비가 좀 필요할 것 같지 않은가? 작은 방은 그런 역할을 한다.

포치를 지나면 본당에 이른다. 예배를 보는 장소다. 예배실 앞뒤로 지나다닐 수 있게 양쪽 가장자리에 복도를 설치했다. 포치에서 본당으로 진입하는 동안 우리는 일상에서 정말 보기 힘든 광경을 마주한다. 사람마다 조금씩 다를 수도 있겠지만, 크게 두 가지 특징이 눈에 띌 것이다. 까마득히 높은 천장 그리고 위에서 쏟아져 내리는 빛이다. 사실 어찌 보면 이 두 가지가 고딕 성당에서 봐야 할, 그리고 감동할 만한 전부라고 할 수 있다. 현대인들의 눈에 보이는 노트르담 대성당의 요체는 바로 이것이다. 높이나 빛이 주는 감동은 굳이 분석할 필요가 없다. 노트르담의 층고는 38미터다.[44] 어디서 이렇게 높은 실내 공간을 볼 수 있겠는가? 고도로 발달한 건축 기술 덕에 높고 넓은 대공간을 자유자재로 만들 수 있다고는 하지만 이런 높이의 공간을 만나는 일은 현대에도 매우 드물다.

본당을 지나면 교차부가 나온다. 이곳에서 앞을 바라보면 제단이 보인다. 좌우 측에는 트랜셉트가 있다. 교차된 십자가의 양쪽 팔에 해당한다. 트랜셉트를 설치해 얻는 효과는 본당 정면에 놓이는 제단과 같이 시선이 집중되는 곳을 추가로 만들 수 있다는 점이다. 양쪽 트랜셉트는 작은 제단을 두고 성인을 기념하는 장소로 사용한다. 노트르담의 트랜셉트는 스테인드글라스 창으로 유명하다. 그 양단에 장미 문양의 스테인드글라스가 설치되어 있다.

제단은 고딕 성당에서 가장 중요한 영역이라 할 수 있다. 그렇다면 반드시 그 중요성을 드러내 주어야 한다. 성당에서 사용되는 방법은 두 가지다. 하나는 쉽게 인지된다. 제단이라는 말처럼 단을 쌓아 높이를 높여

파리 노트르담 대성당의 제단

준다. 이러면 중요한 영역이라는 것을 표시할 수 있다. 다른 한 가지는 매우 섬세하다. 빛을 이용한다. 제단 상부, 달리 표현하자면 십자가 교차부에 돔을 얹고 그곳으로부터 빛을 받아들여 제단에 쏟아지게 한다. 이로써 제단이 가장 중요한 영역임을 확연히 나타낼 수 있다. 연극 무대의 스포트라이트와 같다.

노트르담은 제단 뒤로 깊은 공간이 형성된다는 점이 특징적이다. 트랜셉트가 보통의 경우보다 앞쪽에 위치하기에 그렇다. 신도들이 접근할 수 있는 곳은 여기까지다. 제단 뒷공간은 특별한 때가 아니면 성직자에게만 접근이 허락된다. 제한된 공간의 깊이가 내부 공간에 신비감을 더해주는 역할을 한다.

대체로 제단 앞까지가 일반인이 들어갈 수 있는 한계다. 하지만 예배자뿐만 아니라 순례자를 배려한다면 그 안쪽으로 들어가게 할 수 있으면 좋을 것이다. 제단 뒤로 돌아갈 수 있는 복도를 조성했다.[45] 이 복도를 지칭하는 용어가 앰뷸러터리다. 이 복도를 통하면 제단 좌측으로 진입해 제단을 감싸고 돌아 우측으로 나올 수 있다. 이후 동선은 우측 트랜셉트로 이어지고, 이제 관찰자의 시선은 본당에 들어 설 때와는 반대를 향하게 된다.

제단으로 접근하면서 인간의 눈으로 보았다면 제단 오른쪽을 돌아나가는 순간부터는 신의 시선으로 바라볼 수 있게 된다. 제단 위의 신에게는 인간이 저런 모습으로 보였을 것이다. 이쯤 해서 시선은 제단을 향해 다가올 때와는 다르게 위보다 아래를 향하게 된다. 네이브와 아일을 좀 더 구체적으로 바라볼 준비가 됐다.

네이브의 회중석에 앉은 사람은 고딕 성당의 층고가 높을수록 작게 보인다. 네이브와 아일의 높이차로 생기는 고측창에서 쏟아져 들어오는 빛은 회중석의 인간을 희미하게 만든다. 신의 자리에서 보이는 인간은 작게, 더 작게, 그리고 더 희미하게 보인다. 신의 존재가 우월하게 강조되는 반면, 인간의 존재는 더욱더 미약하고 겸손하게 보이게 한다. 인간은 신 앞에서 더할 나위 없이 약한 존재가 되고, 자신의 지혜를 내려놓음으로써 신의 지혜에 한 발 더 나갈 수 있다는 성경의 내용이 현실 공간으로 구현된 장면이다.

이제 다시 문이다. 들어온 문과는 다른 반대편 문이다. 들어왔던 입구로 나가지 않는다는 것이 얼마나 좋은지 모른다. 속세 공간으로의 귀환이 아니다. 이전과 다른 정화된 속세 공간으로의 진입을 느끼게 해준다. 높은 층고, 수많은 창, 그곳을 통해 들어오는 빛, 화려하기 그지없는 스테인드글라스가 다른 무엇보다 인상적이다. 하지만 현대인들은 너무나 많은 것을 본다. 그래서 기억이 잘 나지 않는다.

노트르담에서 보이는 대부분의 요소는 건축 당시, 즉 1200년경의 것이 아니다. 이를 지적하는 이유는 이 책의 주요한 관심이 각 시대의 사람들이 쓰고 있는 색안경을 향하기 때문이다. 그 색안경을 살펴보려면 후대에 추가된 것들을 빼고 보아야 한다.

이 대성당은 지어진 지 8백 년이 넘었다. 보수는 당연히 있었을 것이고, 부분적으로는 증축도 있었다. 현대인들에게 수백 년 된 건물의 증축이란 상상하기 힘든 일이다. 가능하다면 원형 그대로 보존하려고 한다. 보수할 때도 마찬가지다. 원래 있던 그대로 고치려고 한다. 만약 원형이 뭔지 잘 모르겠다 싶으면 그냥 망가진 대로 보전하는 편이 차라리 낫다고 생각한다. 옛것을 보전하려는 정신은 과거부터 현재까지 이어져 왔지만, 현대인들은 비교적 이 일에 열성적인 태도를 보여준다.

현대인보다는 편한 마음으로 원형에 손댈 수 있었던 데는 그들의 건물이 현재 진행형으로 사용되고 있었다는 점이 크게 작용한다. 성당을 지어 놨는데, 의례를 진행하는 방법이 달라지기도 하고, 용도가 달라지기도 한다. 이런 새로운 요구에 부응하기 위해서는 어느 정도 원형 훼손이 불가피하다.

노트르담 대성당에서는 크게 눈에 띄는 증축은 없었다. 부분적인 보수가 있었을 텐데, 이제부터 그로 인해 달라진 모습을 찾아내 건축 당시의 모습으로 상상해야 한다. 역사 기록을 하나하나 찾아 어느 부분이 어떻게 보수되었는지를 일일이 알아내기란 쉬운 일이 아니다. 하지만 그럴 필요도 없다. 우리가 궁금해하는 것은 일반 신도들이 노트르담에서 체험하는 특징적인 형태와 공간감이다.

노트르담의 주요 구조는 건축 당시나 지금이나 변함이 없다. 달리 말하자면 석재로 된 구조 부재는 당대의 것이라고 보면 된다. 강렬한 인상을 주는 스테인드글라스 또한 작은 변화는 있어도 당대의 것으로 봐도 될 만큼 미미한 변화만 있었을 뿐이다. 그 시대와 달라진 것은 작은 석재 조각, 그리고 목재로 된 지붕틀, 가구라고 볼 수 있다. 이제 우리가 과거의 것을 보려면 눈을 반쯤 감아서 세부적인 요소는 보지 않으면 된다. 그 정도면 충분하다.

비로소 보이는 내부 장식들

"더 많은 빛을."[46]

당대인들이 무엇을 보았을지는 중세 건축가인 수제(Suger)의 말에서 힌트를 얻을 수 있다. 고딕 성당을 가능하게 한 수제가 원한 것은 빛. 수제는 그 일에서 성공했다. 당대인들은 당연히 수제가 선사한 빛을 보았을 것이다.

우선 그가 살던 시대의 성당 건물이 어떠했는지에 대해 먼저 말해야겠다. 딱 앞 장에서 설명한 성 필리베르 수도원을 생각하면 된다. 창이 별로 없어서 내부가 무척 어두웠다. 한낮에도 촛불을 켜지 않으면 예배를 보기 힘들 정도다. 어두운 내부가 필요해서라기보다는 건축 구조적으로 창을 많이 내는 것이 불가능했기 때문이다. 창을 내지 못했던 이유를 알아보자.

창을 내려면 벽에 구멍을 뚫어야 한다. 수제 이전의 성당 건물, 이런 것들을 통칭해서 로마네스크 스타일이라고 부른다. 로마네스크 스타일 건물에는 창을 많이 뚫을 수가 없다. 이유는 간단하다. 벽이 지붕을 비롯한 상부 하중을 떠받쳐야 하는데 벽에 구멍이 많아지면 상부의 하중을 떠받치는 그 힘이 약해지기 때문이다.

수제는 내부로 빛을 끌어들일 방법을 찾다가 묘안을 떠올린다. 리브볼트(rib vault)다. 이전의 로마네스크 성당 건축에서는 반원형 아치를 계속 연결해서 내부 공간을 만들었다. 그러니 반원형 아치의 중량이 늘고, 그 하중을 버텨줄 육중한 벽이 필요했다. 수제가 고안한 방법은 좀 다르다. 리브 볼트는 아치를 경량의 뼈대로 만들고, 그 사이를 얇은 돌판으로 채워 내부 공간을 덮는 방법이다. 리브 볼트 덕에 벽이 중량을 지지해야 하는 의무에서 벗어나게 되었다. 이는 곧 벽에 더 많은 구멍, 창문을 뚫을 수 있게 됐다는 것을 의미한다.

수제의 노력 덕에 빛이 내부로 많이 들어오게 되었다. 성당 내부로 끌어들인 풍성한 빛은 연이어 다른 변화를 불러왔다. 높이와 장식이다. 층고는 높아졌고, 장식은 다채로워졌다. 당대인들은 경이로움에 사로잡혀 쳐다봤을 것이다. 물론 이런 높이와 장식은 현대인의 눈에도 보인다. 하지만 당대인들의 눈에는 다르게 보였다. 성당 내부로 더 많은 빛을 끌어들이기 전에는 높이도 장식도 볼 수 없었기 때문이다.

실내로 유입되는 빛의 양이 많아지면 어째서 체감하는 층고가 높아지는지 알아보자. 어둑어둑해서 도무지 보이지 않았던 로마네스크와 달리 고딕 양식으로 지어진 성당에서는 천장이 훤히 보인다. 나를 감싼 외피를 볼 수 있는 것과 그렇지 않은 것 사이에는 큰 차이가 있다.

로마네스크의 어둠은 둘러싸고 있는 경계를 제대로 파악하지 못 하게 한다. 이렇게 경계가 불확정적이면 자신이 속한 공간의 규모에 대한 감각도 느슨해진다. 간단히 말해 천장 높이가 낮아도 낮다고 느끼지 못한다는 말이다. 고딕의 내부는 수제 덕에 더 많은 빛을 받아들였고, 이로써 천장이 보이게 되었다. 경계가 확실해졌다는 뜻이다. 이러면 사람은 갑갑함을 느끼게 된다. 이것을 해결하려면 더 높은 높이가 필요하다. 로마네스크의 첨탑이 '보이기' 때문에 높이가 필요했던 것처럼, 고딕의 천장도 이제는 높아질 필요가 생겼다.

파리 노트르담 대성당의 리브 볼트

당대인에게 가장 감동적인 것은 내부 공간의 높이였을 것이다. 이 높이는 공간의 생김새에 의해 더 강조된다. 내부 공간의 바닥 폭과 높이가 동시에 커져도 높이감에 큰 변화는 없다. 바닥 폭에 비해 상대적으로 층고가 높아질수록 높이감이 증가한다. 노트르담 대성당 내부 공간의 높이감을 로마네스크 양식의 성당과 비교해 보자. 성 필리베르가 2[47]인데, 노트르담은 2.58[48]이다. 공간의 가로·세로 비율이 로마네스크보다 훨씬 더 커졌다. 흔히 보던 것과는 다른 높이를 확연하게 느꼈을 것이다.

더 많은 빛은 다른 한편으로 대성당 실내를 장식적으로 만들었다. 어두워서 안 보였을 때는 몰랐지만 밝은 빛 속에 훤히 드러나는 기둥·벽·창문을 그냥 두기보다는 장식하고 싶었을 것이다. 밝은 빛 속에서 눈에 잘 보이는 장식들이 당대인들의 시선을 사로잡았을 것이다. 당대인들이 노트르담 대성당 내부에서 본 것은 빛과 그로부터 비롯된 높이와 장식이었을 것이다.

수제는 왜 더 많은 빛을 성당 내부로 끌어들이고 싶었을까? 그 빛은 누구를 위한 것이었을까? 사람인가? 신인가?

빛을 통해 헤아릴 수 없을 정도로 깊고 오묘한 신을 표현하고 싶었다면 어둑어둑한 천장 어느 한 곳에서 빛이 쏟아져 들어와야만 한다. 고딕처럼 사방에서 빛이 쏟아져서는 안 된다. 당대인은 신이 사람의 눈으로 사물을 본다고 생각하지 않을 것이다. 빛이 있어야만 사물을 볼 수 있는 것은 사람이다. 고딕 성당의 빛은 일자의 표현이라기보다 사람을 위한 것이다. 사람이 보기 위한 것이다.

수제가 더 많은 빛을 원했던 것은 성당이 오로지 신만을 위한 공간이 아니라 사람도 함께 중요해졌다는 것을 의미한다. 더 많은 빛이 더 높은 높이를 원하게 하고, 이제는 훤히 보이는 실내를 인간이 즐길 수 있는 방식으로 장식을 추구하게 한다는 것은 분명 성당이 신만을 위한 공간에서 인간을 함께 고려하는 공간이 되었음을 의미한다. 이런 변화는 토마스 아퀴나스의 글에서 명백하게 확인할 수 있다. 그는 자신의 저서 『신학대전』에서 다양한 방식으로 이전의 교부들에 비해 인간적인 것을 더 인정하고 있다.[49]

성당 내부의 조각상은 고딕에서 처음 나타났던 것은 아니다. 대교황 그레고리오 1세에 의해 성상 설치가 제한적으로나마 용인되었고, 수 세기에 걸친 논쟁 끝에 니케아 2차 공회에서 성상을 포함한 구상적인 표현이 허용되었다.[50] 여기에는 조각과 회화가 주로 포함된다. 니케아 2차 공회 이후 구상적 표현이 허용되기는 했지만 그렇다곤 해도 로마네스크와 고딕, 두 양식 사이에는 상당한 차이가 있다.

로마네스크 시기 구상적 표현이 허용된 것은 오로지 글을 모르는 사람에게 성경 내용을 전달하기 위한 목적이었다.[51] 성상에 표현된 예수와 성모 마리아의 모습은 구체적인 형상을 모사해 놓은 것이 아니라 '아이콘'

로마네스크 회화와 조각

처럼 만들어졌다. 아이콘은 뭔가를 대표하는 이미지다. 아이콘을 보면 그 뭔가를 상상할 수 있다. 그런데 딱 거기까지다. 상상하는 것 이상으로 구체적인 표시가 포함되어서는 안 된다. 그래서 로마네스크의 성상은 모두가 무표정하다. 로마네스크의 성상을 보면서 그가 누구이고, 성경의 어느 구절을 가리키는지 알 수 있다. 하지만 그 이상은 유추하기 힘들다. 얼굴은 무표정하고, 신체는 움직임을 전혀 보여주지 않는다.

관찰자의 눈에 비치는 로마네스크 성상은 어색하다. 이유는 좀 전에 말한 것과 같다. 당시 사람들의 묘사 솜씨가 좋지 못하다는 의심도 하게 된다. 표정을 좀 더 생생하게 그릴 수 없어서, 신체 움직임을 제대로 표현할 능력이 없어서 저렇게 그렸나 하는 생각을 잠시 할 수도 있다. 하지만 이미 천 년 전 그리스와 로마의 회화와 조각에서 보여준 솜씨를 볼 때 묘사 능력이 없어서 그랬다고 보기는 힘들다. 그냥 자제한 것이라고 보는 것이 맞다.

니케아 2차 공회도 분명하게 말한다. 성상은 허용하되 성경 내용을 전달하기 위한 수단으로만 사용하라고. 이런 엄격한 명령이 있는데도, 표정을 넣고, 신체에 동작을 넣는다면 추궁당할 수도 있다. 로마네스크 시대의 사람들이 생각하는 아름다움은 신의 존재뿐이다. 신의 존재 외에 부가되는 인간적인 것은 지극한 아름다움을 해치는 방해물에 불과하다.

고딕 시대에는 얘기가 달라진다. 로마네스크 사람들에겐 신의 존재를 상상하는 것만이 아름다움의 전부였다면, 고딕 시대의 사람들은 인간적인 것에서도 아름다움을 느끼기 시작했다.[52] 고대 그리스의 조각이 인간 신체의 아름다움을 드러내 보여주고, 거기서 감정적 만족을 느꼈던 것

고딕 회화와 조각

처럼. 고딕 시기에 들어와 성상에는 표정이 생겼고, 신체 동작을 보여주는 미세한 뒤틀림이 표현되었다. 이걸 사람의 눈으로 보자면 수제의 빛이 필요했다.

어째서 고딕 시대 사람들은 신의 존재를 상상하는 것만이 아름다움의 전부였던 로마네스크 사람들과 달리 인간적인 것에서 아름다움을 찾게 되었을까? 이에 대한 답은 한 인물에게서 찾을 수 있다.

바로 아퀴나스다. 중세 스콜라 철학을 대표하는 인물이다. 그는 많은 저작을 통해 중세 철학을 정리했다. 요지는 이렇다. 어떻게 하면 신의 존재를 이성적으로 증명할 수 있을 것인가. 아퀴나스 이전, 즉 로마네스크 시기까지 인간은 생각할 필요가 없었다. 모든 것은 신이 정해 놓았고, 인간은 그저 신이 정해 놓은 그 길을 찾으면 됐다. 찾는 것에도 인간적인 지혜를 딱히 사용할 필요가 없다. 그래서도 안 된다. 신이 내린 은총이 길을 안내할 것이기 때문에 그렇다. 인간이 할 수 있는 일은 단지 기도뿐이다. 인간의 이성은 불필요하며 또한 부적절한 것이었다.

아퀴나스가 살던 시기가 되면 상황은 달라진다. 이성은 그렇게 간단하게 무시할 수 있는 능력이 아니었다.[53] 로마네스크 양식에 절대적인 영향을 끼쳤던 아우구스티누스의 은총론은 플라톤-플로티노스의 계보를 따른다. 이들 계보의 요체는 이렇다. 세계를 이데아와 현실로 이분한다. 이데아는 가치 있는 것이고, 현실은 이데아의 왜곡이다. 현실은 이데아를 좇아야 한다. 이 과정에서 인간의 이성은 철저하게 부인된다. 아퀴나스의 고민이 시작되는 지점이다. 이성을 용인하기 위한 실마리를 찾아야 했다. 아퀴나스는 아리스토텔레스에게서 기회를 발견한다.

아리스토텔레스는 플라톤과 생각이 좀 달랐다. 그 또한 이데아와 현실 세계로 이분하는 것은 플라톤과 같다. 그런데 차이가 있다. 아리스토텔레스는 현실을 잘 다듬으면 이데아를 보완할 수도 있다고 주장한다. 당시의 시·회화·조각에서 창작자의 역할을 긍정적으로 평가한다.

그리스 비극을 예로 들어보자. 비극에 나오는 완벽하게 잘생긴 주인공들, 그가 겪는 비현실적인 곤욕과 비통함, 이것들을 일소하는 극적인 해결책의 등장, 그 방안을 실천할 수 있는 주인공의 신에 버금가는 능력. 이 모든 것들이 한꺼번에 하나의 사건으로 현실 세계에서 일어날 수는 없는 일이다. 하지만 이런 일어날 수 없는 일들을 재구성해 이데아를 지향하는 것이 가능하고, 의미 있는 일이라고 주장한다. 여기서 플라톤과 아리스토텔레스는 갈라진다. 플라톤은 예술적 모방이 미망으로 현혹하는 것이라고 하고, 아리스토텔레스는 현실을 이데아에 가깝게 보완하는 일이라고 한다.

아퀴나스가 아리스토텔레스의 영향을 크게 받았다는 것은 잘 알려진 사실이다. 그가 평생을 바쳐 아리스토텔레스의 저작을 번역했다는 것만으로도 충분한 증거가 된다. 로마네스크 성상이 현실에 비친 이데아라면, 고딕 성상은 현실을 보완해 이데아로 향하게 한다. 이것저것 집어넣어 좋은 것을 만들어야 한다. 이때 잠자고 있던 혹은 억눌려 왔다고 표현할 수 있는 인간의 이성이 제구실을 한다. 얼굴에는 표정이 생기고, 동작에는 움직임이 스며든다. 이는 모두 이성으로 하는 추가적 표현 행위이지만 결국, 현실을 보충해 이데아를 지향하기 위한 것이 되어야 한다.

고딕은 로마네스크와 달리 이 세상에서 신의 존재만큼 인간도 중요하다는 것을 인정한다. 신의 은총이 여전히 중요하지만 인간의 감각도 인정한다. 하지만 신성을 완전하게 하기 위한 도구로써의 인정이다.

고딕 성당은 인간의 감각을 일부나마 용인하기 시작했다. 그것은 성상의 감각적인 표현으로 이어졌다. 성상 표현을 인간이 인지하려면 빛이 필요했고, 그걸 수제가 해냈다. 빛이 들어온 성당의 천장은 이제 좀 더 높이 올라가야만 했다. 아리스토텔레스의 승리가 확인되는 순간이다.[54]

그리스 파르테논 신전에서는 아리스토텔레스적 가치가 중요했다. 로마 판테온과 중세 초기 성 필리베르 수도원에서는 플라톤적 가치가 아우구스티누스를 통해 나타났다. 중세 전성기 파리 노트르담 대성당에서는 아리스토텔레스적 가치가 아퀴나스를 통해서 우세를 보였다. 시대마다 다른 인물이 등장하지만, 가치 중심이 플라톤과 아리스토텔레스를 오가는 것처럼 보인다. 노트르담의 시대에는 그 추가 아리스토텔레스 쪽으로 기울었다.

그렇다면 이제 다시 반대편,
플라톤으로 기울 것이라는 생각이 들지 않는가?

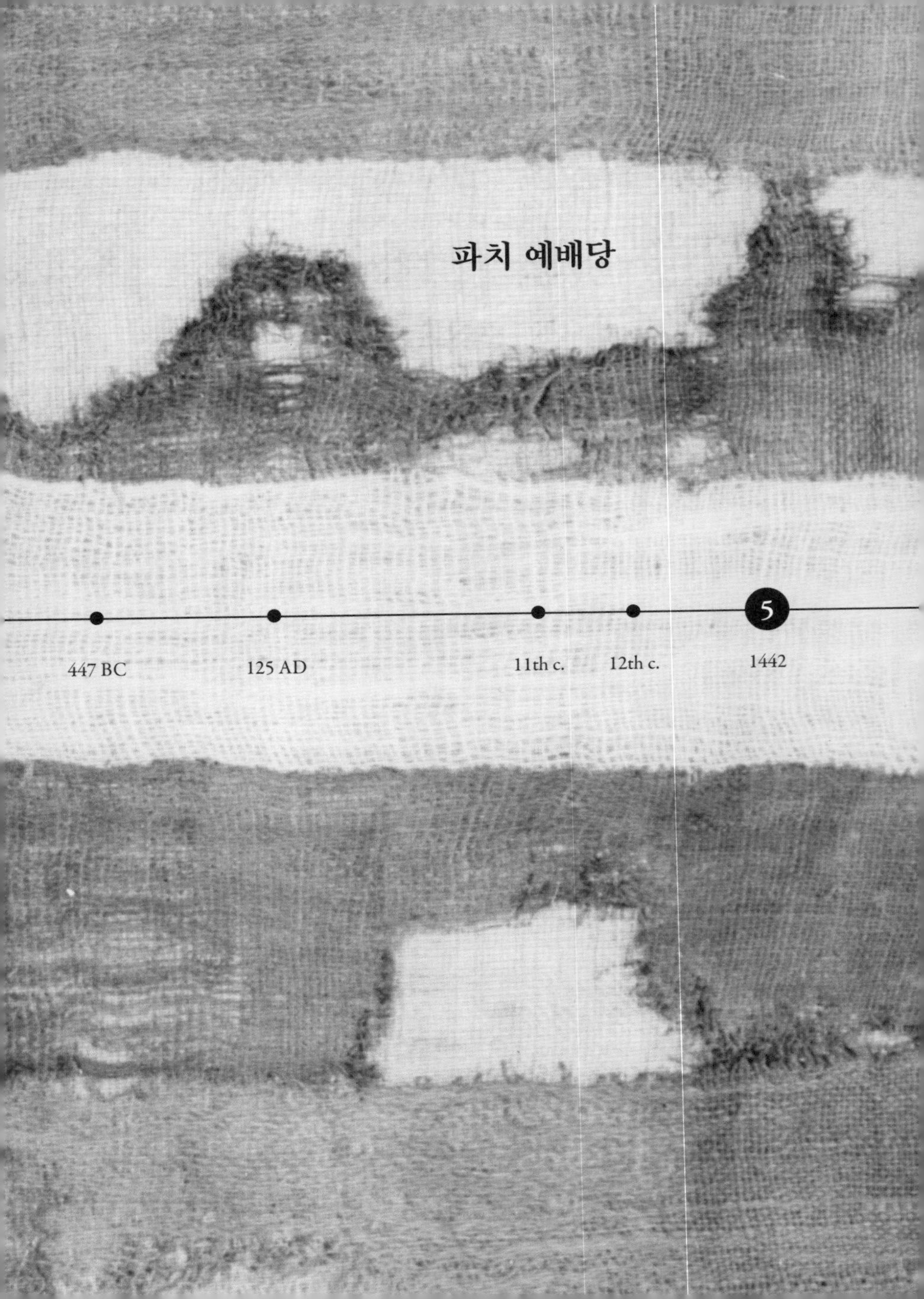

파치 예배당

447 BC — 125 AD — 11th c. — 12th c. — **5** 1442

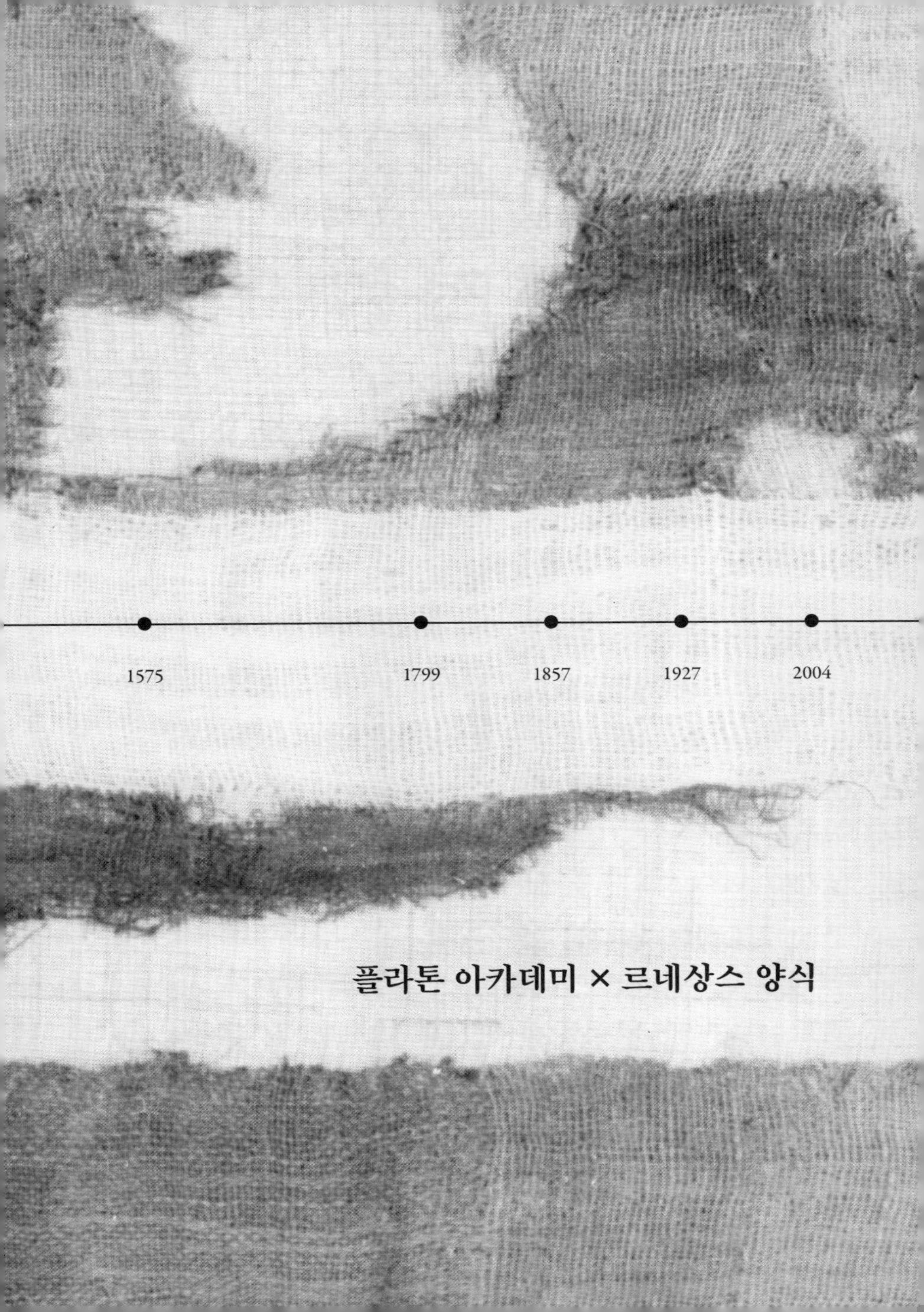
1575
1799
1857
1927
2004
플라톤 아카데미 × 르네상스 양식

간결한 외관 그 너머

피렌체는 이탈리아의 주요 도시 중 하나다. 피렌체와 비슷한 명성을 가지고 있는 도시로 밀라노와 베네치아가 있다. 그런데 피렌체는 앞의 두 곳과 달리 조용한 도시라는 특징이 있다. 밀라노는 대도시고, 베네치아는 관광객이 워낙 많아 언제나 붐빈다. 하지만 그건 알고 있는 지식으로부터 비롯되는 인상일 뿐이다.

도시를 걸어보면 왜 피렌체가 고만고만한 다른 이탈리아 도시에 비해 조용한 분위기를 풍기는지 알 수 있다. 건물 형태가 그런 차이를 만든다. 피렌체의 건물은 다른 도시의 것들에 비해 차분하다. 어떤 형태적 차이가 길래 한쪽은 더 차분하고 다른 쪽은 덜 차분할까? 본격적인 이야기에 앞서 대표 건물 하나를 예로 들어 차분한 분위기가 도대체 어떤 것인지 말하고 싶다.

파치 예배당(Cappella dei Pazzi)이 있다. 산타 크로체 바실리카(Basilica di Santa Croce)의 부속 건물 형태로 지어진 작은 채플이다. 파치 일가는 흔히 르네상스 시기라고 부르는 시절, 피렌체의 유력 가문이었다. 1500년경 파치는 그 유명한 메디치에 버금갔다. 하던 일도 비슷했다. 금융업을 해서 가문의 곳간을 채웠고, 그 돈은 문화 사업을 지원하는 데 아낌없이 사용했다.

파치 예배당이 바실리카에 부속된 건물이라고 했는데, 이곳에서 피렌체 시민들은 예배를 보곤 했다. 반면, 파치 예배당은 아무나 들어가는 곳이 아니다. 기도하고 예배하기 위한 공간이기는 하지만 누구에게나 출

파치 예배당 외관

입이 허용되는 곳은 아니었다. 파치 예배당은 파치 일가만 들어갈 수 있었다. 파치 예배당은 파치 가문이 사용하는 기도 장소였다.

산타 크로체 바실리카는 피렌체에 지어진 일반 시민용 성당이다. 이 성당에 몇 개의 작은 건물이 부속되어 연결되어 있다. 같이 있다거나 그냥 연결되어 있다고 하지 않고 부속되어 있다고 한 까닭은 오직 산타 크로체 바실리카라는 건물에서만 그 몇 개의 건물로 갈 수 있게 연결되어 있기 때문이다. 산타 크로체 바실리카가 여러 개로 이루어진 건물군의 중심이면서 입구 역할을 한다.

파치 예배당 정면에는 마당이 있다. 마당 한편에 채플이 서 있기에 파치 예배당은 소위 말하는 정면성을 제대로 확보하고 있다. 마당이 있어 생기는 특징은 정면성만 있는 게 아니다. 마당을 몇 개의 건물군이 둘러싸고 있다. 그러니 마당은 외부와 단절된 채 안마당 같은 분위기가 형성된다. 안마당은 그 말이 의미하는 것처럼 외부와 단절된 상태로 차분한 분위기를 유지하는 데 도움을 준다.

마당이 정면에 있으니 파치 예배당은 마당을 통해 광장으로부터 직접 출입이 가능하다. 하지만 또 다른 출입 방식도 가능하다. 산타 크로체 바실리카를 감싸는 회랑에서 파치 예배당 정면의 로지아(정면에 붙은 회랑)를 통해 출입이 가능하다.

파치 예배당의 정면은 세 개로 쪼개져서 구성되어 있다. 중앙에 입구가, 양옆으로 회랑이 설치되어 있다. 중앙 입구 상부에는 아치가 있다. 양쪽 회랑은 기둥 위에 보를 걸치는 방식으로 구축되어 있다. 파치 예배당의 정면에서, 중앙 입구와 양쪽 회랑 면은 다시 몇 개의 면으로 분할되어 있다. 분할된 면은 정사각형에 가까운 단순 직사각형이다. 외부에서 바라보는 파치 예배당의 전체적인 인상은 차분함이다. 당시 피렌체는 파치류의 건물이 유행이었다. 그 덕에 피렌체는 이탈리아의 그 어느 도시보다 차분한 느낌을 간직하게 된다.

중앙 입구를 통해 들어가면 내부가 세 겹으로 구성되어 있음을 알 수 있다. 첫 번째는 로지아다. 두 번째 겹(레이어)은 널찍한 내부다. 일반적인 성당 혹은 바실리카와 비교해 보자면 양쪽의 아일은 없고, 네이브만 있는

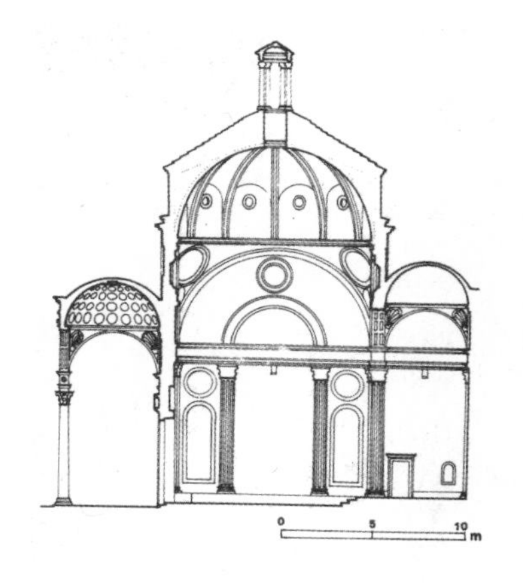

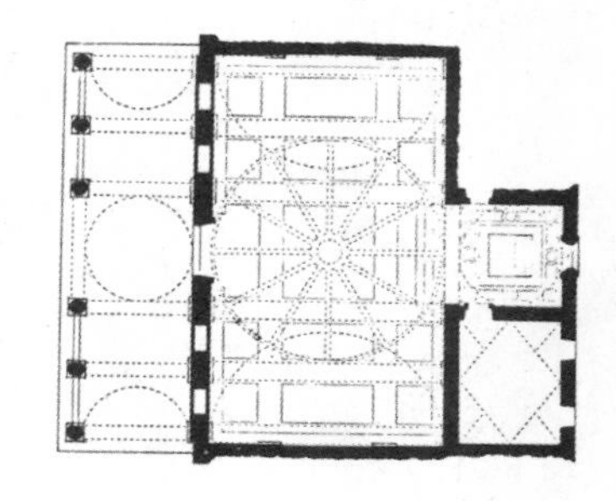

파치 예배당 평면도와 단면도

셈이다. 이 공간의 평면 형상은 정사각형이다. 이 또한 일반적인 교회나 성당과는 다르다. 네이브의 상부에는 돔이 설치되어 있다. 돔의 정점에는 천장안이 있다. 돔의 하부에는 원주를 돌아가면서 열두 개의 랜턴이 설치되어 있다.

진입 방향에서 더 깊은 쪽으로 정사각형 모양의 공간이 이어 붙어 있다. 그 공간의 상부에도 작은 돔이 설치되어 있다. 내부 벽면 장식은 돔의 네 모서리와 벽면과 돔이 만나는 경계부에 단순하게 부가되어 있다.

파치 예배당은 대단히 유명한 건물이다. 그래서 건축을 전공하지 않은 일반인들도 찾아오는 곳이다. 르네상스 건축의 시작을 알리는 건물이라는 평가 때문이다. 르네상스라는 것은 그 의미가 대단히 남다르다. 서양

파치 예배당 내부

사에서 가장 중요한 몇 장면을 꼽자면 르네상스가 빠질 수 없다. 거기에 아주 잘 알려진 메디치 가문의 후광이 있고, 익히 잘 알려진 미켈란젤로·라파엘로 등 위대한 예술가를 이어 떠올리게 된다. 그러니 파치 예배당을 보기 전에 기대감이 생기는 것은 자연스럽다. 그런데 정작 파치 예배당을 마주하면, 기대에 훨씬 못 미치는 건물 형태와 공간에 놀라고 의아하게 된다. 그냥 솔직하게 직설적으로 말하자면 실망이다.

"이게 뭐야."

이제부터 여기에 살을 붙이고 이야기를 한참 전개해야 실망감을 누그러뜨리고 바라던 느낌을 얻을 수 있다. 파치 예배당은 그냥 봐서는 제대로 된 감상이 불가능하다. 여기서 말하는 제대로 된 감상은 당대 사람이 파치 예배당을 보며 느꼈던 감상을 말한다.

파리 노트르담 대성당을 살펴볼 때, 거기에는 후대의 것이 많이 더해지고, 기존 건물이 수정되었다는 점을 얘기했다. 처음 지어졌을 때와 이후에 수정되고 부가된 것을 구분하지 않고서 당대의 분위기를 이해하는 건 말이 안 되기 때문이다. 파치 예배당도 같은 작업을 해야 한다. 필리포 브루넬레스키(Filippo Brunelleschi)가 파치 예배당을 설계했을 때의 모습과 그 이후에 달라진 것이 있다면 바뀐 것을 솎아 내야 한다.

파치 예배당은 규모가 크거나 복잡한 형상의 건물이 아니다. 아주 단순하다. 사전 정보 없이 그냥 봐서는 한 덩어리의 완제품처럼 보인다. 어느 한 부분이 눈에 띄게 달라 보이는 것은 찾을 수 없다. 파치 예배당 정면 로지아가 후대에 와서 부가되었다는[55] 얘기를 듣고 나서야 그럴 수도 있겠다는 생각이 드는 정도다. 하지만 사실 정면 로지아가 브루넬레스키 원작에서 없었던 것인지는 확실하게 판명되지 않았다. 일부에서 주장하는 설일 뿐이다.

일부에서는 파치 예배당 정면 로지아가 산타 크로체 바실리카에서 비를 맞지 않고 연결할 목적으로 추가되었다고 주장한다. 이 말의 진위 여부보다 중요한 것은 이거다. 파치 예배당을 감상할 때, 당대의 모습대로 감상할 필요가 있는데 로지아가 문제가 된다. 후대에 덧붙은 것일 수도 있기 때문에 그렇다. 그렇다고 해도 그걸 빼고 봐야 할 이유는 없다. 왜

냐하면 로지아가 브루넬레스키의 디자인 의도를 강화하면 했지, 희석하거나 오해하게 만들지 않기 때문이다.

로지아가 당대의 것이 아니라 해도 어떻게 브루넬레스키의 디자인을 강화하는 효과가 있는지에 대해 말하자면 우선 브루넬레스키의 의도를 파악해야 한다. 얘기의 순서는 이렇다. 브루넬레스키의 디자인 의도를 설명하고, 어떤 측면에서 로지아가 그 의도를 강화하는지 밝혀보겠다.

브루넬레스키는 무엇을 의도했을까

지금 가서 파치 예배당을 보는 사람은 너 나 할 것 없이 실망한다. 실망하지 않으면 그게 더 이상하다. 그런데 이걸 설계한 브루넬레스키는 파치 예배당 이전에 피렌체 대성당(Santa Maria del Fiore)의 돔을 완성해서 엄청난 명성을 얻은 사람이다. 그런 사람이 설계했다는 것, 그리고 그 설계를 파치 가문이 흡족해했다는 점을 고려해 보면 당대 사람들과 우리가 같은 것을 눈앞에 두고 다르게 보았다고 생각하게 된다.

다시 한번 '거칠어진 손' 사진을 생각해 보자. 손이 거칠어져서 속이 상한다고 설명하고 있다. 일부는 그렇게 본다. 거친 손을. 그런데 사실 하고 싶은 얘기는 손목에 찬 명품 시계더라. 같은 예배당을 놓고서도 당대 사람들과 우리는 다른 것을 본다. 이제부터는 당대 사람들은 파치 예배당에서 무엇을 보았는지 알아보자.

우선 정면 중앙 출입구 상부의 아치를 보자. 우리 눈에는 그저 아치지만 당대 사람들은 그렇게 보지 않았다. 그렇게 보이지 않았다. 아치가 반원형이다. 그래서 그게 뭐 어쨌다고? 이 반원형 아치가 그저 그런 흔한 아치 중 하나가 아닌 걸 알기 위해서는 바로 옆에 있는 산타 크로체 바실리카를 살짝 들여다보는 것만으로 충분하다.

산타 크로체 바실리카 아치의 정점을 보자. 끝이 뾰족하다. 그래서 첨두형 아치라는 이름이 붙어 있다. 파치의 아치는 정확하게 반원형이다. 이번에는 곡률을 살펴보자. 파치는 원형 곡률을 따른다. 산타 크로체 바실리카의 아치는 포물선, 좀 더 생생한 표현으로 하자면 포탄 끝처럼 생겼다.

○ 파치 예배당의 반원형 아치
○ 산타 크로체 바실리카의 첨두형 아치

그러면 이제 당대의 일반적인 아치는 무엇이었는가가 중요하다. 당시는 몽땅 첨두형 아치였다. 당대는 소위 말하는 고딕 건축 시대였다. 그리고 고딕 양식에서 주로 사용하는 아치는 첨두아치였다.

주변이 몽땅 첨두형 아치인 상태라면 파치의 반원형 아치는 꽤 눈에 띄는 형태였을 것이다. 손을 보느냐, 손목에 찬 시계를 보느냐. 현대인의 눈에 반원형 아치는 그저 다양한 아치 중 하나일 뿐이지만, 당시 피렌체 사람들에게 첨두형이 아닌 반원형은 매우 특이했을 것이다.

그런데 이 반원형 아치를 어딘가에서 본 것 같지 않은가? 로마네스크에서 봤고, 좀 더 시간을 거슬러 올라가면, 로마 건축에서 봤다. 로마 시대와 로마네스크 시기, 아치는 그냥 반원형이다. 고딕으로 접어들면 반원형 아치가 사라진다. 대략 1200년경의 일이다. 1500년이 되어서 그 반원형 아치가 되돌아왔다. 로마의 특징이 되살아 온 셈이다. 파치 예배당에서 보이는 로마의 특징은 이 반원형 아치에만 국한되지 않는다.

정면 좌우의 로지아에서도 로마의 체취가 느껴진다. 우선 열주가 그렇다. 고딕 시기 동안 열주는 찾아보기 힘들었다. 왜? 열주 대신에 피어라는 묶음 기둥을 사용했다는 사실을 상기하자. 피어 또한 기둥이기는 하지만 단지 지붕을 떠받치는 기능을 한다는 의미에서만 그렇다. 생김새로 보자면 피어가 기둥이라는 사실은 쉽게 망각된다. 그런 기둥이 당당하게 살아 돌아왔다.

현대인의 눈에 파치의 기둥은 별것 아니다. 그리스나 고대 로마에 가면 흔히 볼 수 있는 기둥일 뿐이다. 하지만 당대 피렌체인들에게 파치의 기둥은 특별한 것이었다. 또다시 거친 손이 아니라 손목에 찬 명품 시계의 존재를 눈치챌 수 있다.

로지아의 기둥에서 고대 로마의 더욱 강렬해지는 것은 기둥 열 위에 얹힌 엔타블러처 형상 때문이다. 기둥만 있었다면 덜 그랬을 텐데, 줄지어 늘어선 기둥 위에 엔타블러처를 얹으니 고대 로마 건축의 형태적 특징이 더욱 도드라진다. 이제 안으로 들어가 보자.

성당이나 예배당이나 제단을 두어 하나님(혹은 성인)을 모시고 예배드리는 공간이라는 본질적 속성은 동일하다. 그럼에도 내부 공간 구조는 사뭇 다르다. 우선 일반적인 성당이 긴 직사각형이라는 점을 떠올리자. 일반 성당이라면 긴 직사각형의 한쪽 끝에 제단을 설치하고 사람들은 반대편 끝에서 제단에 다가가게 되어 있다. 파치 예배당은 그와 반대다. 좌우 폭이 더 넓다. 진행 방향의 길이가 더 짧다. 이런 공간 구조의 차이도 중요하다. 현대인들에게는 이런 공간 구조의 차이가 눈에 들어오지 않는다. 하지만 당대 피렌체인들 그리고 파치 일가에게 이런 공간은 매우 특이하게 보였을 것이다.

긴 직사각형 형상의 성당 평면을 일반적으로 라틴 크로스라고 부른다. 반면, 정사각형에 가까운 평면 형상은 그리스 크로스라고 부른다. 이런 구분으로 보자면 파치 예배당의 평면은 그리스 크로스에 가깝다. 매우 특이하다. 하지만 이름까지 버젓하게 붙은 것을 보면 그리스 크로스 또한 다른 장소나 다른 시기에는 많이 사용되었을 것으로 추측해 볼 수 있다.

파치 예배당 지어진 당대로 보자면, 동로마 제국이 있던 비잔틴 지역에서는 여전히 그리스 크로스가 많이 사용되고 있었고, 시간을 거슬러 올라가 보면 고대 로마에서도 그리스 크로스에 가까운 형태를 어렵지 않게 찾을 수 있다. 로마 판테온, 산탄젤로성 등이 그 사례다. 이처럼 파치 예배당의 평면 구성 형식에서도 고대 로마의 영향력을 확인할 수 있다.

이에 더해 고대 로마의 색채를 강하게 드러내는 것은 역시 중앙에 얹힌 돔의 형상이다. 구형 돔이다. 이것도 그냥 보면 특이할 것이 전혀 없다. 손목에 찬 명품 시계가 보이지 않는다. 다른 것과 비교해야 보인다. 피렌체 대성당의 돔을 예로 들자. 파치 예배당을 설계한 브루넬레스키가 설계한 건물이지만 돔의 형상이 매우 다르다. 피렌체 대성당의 돔은 포물선, 즉 포탄의 형태에 더 가깝다. 그래서 파치 예배당의 구형 돔은 당대 사람들에게 특이하게 보였을 것이다. 다른 말로 눈에 잘 들어왔을 것이다. 물론 나는 지금 현대인들에게는 그렇지 않을 것이라고 이야기하고 있다.

반구형 돔이 당대 피렌체인들에게 특이한 것이기는 하지만 이것도 독창적인 것은 아니다. 많이 사용되어 온 형태다. 그것의 전형은 또다시 고대 로마에서 찾을 수 있다. 고대 로마에서는 돔하면 반구형 돔이다.

당대인들이 파치의 형상에서 특징적이라고 느꼈던 부분은 반원형 아치·열주랑·그리스 크로스 평면·구형 돔이다. 그런데 이 요소들 모두 고대 로마에서 즐겨 사용하던 것이다. 파치는 그것들을 흉내 낸 것이고.

다시 등장한 플라톤의 이데아

이제부터 해야 할 얘기는 여러 스타일 중 어째서 고대 로마를 흉내 내려고 했는지, 그게 어떻게 당대의 주류가 되었는지다. 결론부터 간단히 말하자면 이렇다. 1400년 무렵, 즉 파치 예배당이 지어질 당시 피렌체에는 고대 로마 열풍이 불어닥친다. 그 시작은 플라톤이다. 르네상스 시기, 물론 그 이름은 후대에 붙여준 것이니, 그런 사후적 판단을 배제하고 말하자면 1400년경까지, 유럽 사람들은 고대 그리스 철학자 중 아리스토텔레스에 대해 잘 알고 있었다. 그걸 증명할 수 있는 대표적인 사례가 앞 장에서 등장한 아퀴나스다. 그는 당대의 저명한 신학자다. 그런 그가 아리스토텔레스의 저작을 번역했다는 사실, 또한 신성과 이성을 조화시키고자 노력한 그의 신학 사상이 아리스토텔레스의 영향을 받았다는 사실만으로도 당시 유럽의 지성인들에게 아리스토텔레스가 널리 알려져 있었다는 것을 입증하기 충분하다.

아리스토텔레스의 철학이 중세 유럽을 관통하면서 유행할 수 있었던 사연은 이렇다. 서로마가 476년 멸망하면서 그리스의 문화와 철학은 서유럽 내부에서는 후대로 이어지지 않았다. 그리스의 문화와 철학은 이슬람 영역 내에서 아랍어로 번역되어 보전되었을 뿐이다. 이런 상태는 한동안 지속되었다. 그러다가 극적 변화가 발생하는 사건이 일어났다. 이슬람 영토였던 이베리아반도의 톨레도가 기독교에 의해 정복되었다. 그리고 그곳에서 아랍어 저작을 라틴어로 번역하는 운동이 전개됐다. 아리스토텔레스의 저작도 그중 하나였다. 서유럽 기독교인들이 아리스토텔레스를 읽을 수 있게 된 것이다. 한편, 13세기 이후 파리대학을 중심으로 아리스토텔레스에 대한 연구가 활발하게 진행됐다. 이런 경향에 정점을 찍은 것이 아퀴나스의 신학이다. 아리스토텔레스의 사상이 아퀴나스로 인해 스콜라 철학과 결합하면서 그 덕에 서유럽에 널리 알려지게 된다.[56]

아리스토텔레스가 중세 유럽 전역에서 유행한 것에 비해 플라톤은 그러지 못했다. 플라톤의 원전이 중세 유럽에 전해지지 않았기 때문이다. 플라톤의 저작이 아주 일부 전해져 번역되기도 했지만, 그 번역의 수준이 저열하여 크게 유행할 수 없었다.[57] 플라톤의 원본 저작은 비잔틴 제국에 보관되고 있을 뿐이었다.

1438년 비잔틴에서 게오르기오스 게미스토스 플레톤이라는 이름의 행정관 한 명이 공의회(Ferrara-Florence Council)에 참석하기 위해 피렌체에 왔다. 그에 의해 플라톤이 피렌체에 소개된다. 이후 마르실리오 피치노가 코시모 데 메디치의 후원으로 플라톤의 저작을 라틴어로 번역한다. 한편, 플라톤의 철학을 가르치는 교육 기관이 우후죽순으로 설립되었다. 이로써 피렌체는 플라톤 열풍의 진원지가 되었다.[58]

피렌체는 플라톤에 열광했다. 피렌체에서의 플라톤 열풍은 라파엘로의 그림에서 잘 드러난다. '아테네 학당'이라는 제목의 그림이다. 중앙에 플라톤과 아리스토텔레스가 있다. 그 둘을 에워싼 학자들이 여럿 보인다. 열띤 토론이 이루어지고 있는 듯하다. 플라톤과 아리스토텔레스의 자세가 의미심장하다. 플라톤은 손가락으로 하늘을, 아리스토텔레스는 땅을 가리키고 있다. 이데아와 현실 세계를 이분법적으로 나눈다는 점에선 둘의 의견이 일치한다. 그 둘 중 어느 것을 더 강조하느냐에서 조그만 차

아테네 학당

이가 있을 뿐이다. 플라톤은 이데아의 세계를, 그에 반해 아리스토텔레스는 현실 세계를 강조한다. 아리스토텔레스의 현실 강조는 예술가의 창작 가능성을 지지한다. 시·회화·건축 등에서 현실보다 더 현실같이 만드는 기술들에 의미가 부여된다. 물론 플라톤은 강력하게 반대했지만 말이다.

현실 세계보다 이데아의 세계를 강조하면 현실을 어떻게 보완해서 이데아의 세계에 가깝게 만드느냐는 것은 의미가 없다. 중요한 것은 이데아의 세계를 존재 그대로 표현할 수 있느냐다. 플라톤의 기본적인 입장은 예술은 모방이라는 것이다. 아무리 모방을 잘해도 그것은 왜곡된 이데아일 수밖에 없다. 그렇지만 예술의 기능을 전적으로 부인하지는 않는다. 최선은 아니더라도 차선으로서의 가능성은 인정한다. 모방을 피해 갈 수 없다면 그나마 괜찮은 방법을 찾아야 한다. 플라톤은 이런 방법으로 수(number)를 제시한다.

플라톤의 저작『티마이오스』에 등장하는 데미우르고스의 행위를 통해 이데아를 가장 잘 모방하는 최선의 방법이 제시되고 있다. 플라톤은 신적인 능력을 지닌 데미우르고스가 수학적 원리와 기하학적 비례를 통해 우주를 창조했다고 묘사한다. 그의 수학적 원리와 기하학적 비례는 수를 통해 표현된다.[59]

피렌체인들은 고대 로마 건축을 수학적 원리와 기하학적 비례라는 관점에서 연구하기 시작했다. 우선 고대 로마 건축을 하나의 이데아적 세계로 본다. 그다음 그 로마 건축을 수의 관계로 분석하기 시작했다. 예를 들자면 기둥 직경이라는 하나의 숫자가 있으면 그 숫자에 또 다른 숫자를 곱해서 기둥 높이를 만든다. 이런 식으로 모든 형상은 수로 표현된다. 이런 연구는 대유행이었다.

이 시기 레온 바티스타 알베르티는『건축론』을, 세바스티아노 세를리오는『건축과 투시도』를, 안드레아 팔라디오 또한『건축사서』를 저술했다. 책의 세부적인 내용은 조금씩 다를 수 있지만, 주제는 거의 같다. 고대 로마 건축을 수의 관계로 설명하고 있다.

이런 고대 로마 건축에 대한 수적인 분석은 열풍을 몰고 왔다. 급기야 '비트루비안 아카데미'가 설립된다.[60] 이 아카데미에서는 고대 로마 유적을 체계적으로 연구했다. 체계적이라는 표현이 모호하다. 그냥 이렇게 얘기해도 된다. 고대 유적의 형태를 수의 관계로 분석했다.

파치 예배당은 로마 건축을 수의 조합, 즉 비례로 분석하고, 그 분석을 적용한 결과물이다. 로마 건축의 아치가 로마 시대의 비례로 되살아났고, 로마의 열주와 로마식 보(엔타블러처)도 부활했다. 건물 중앙부와 후면 제단 상부를 덮고 있는 돔 또한 로마로부터 빌려왔다. 그 형태가 지극히 로마적인 것으로 보이는 이유는 로마의 돔에 대한 수적인 분석에 따른 비례를 사용했기 때문이다.

이쯤 해서 전면부 로지아가 브루넬레스키의 원작인지 아닌지는 그리 중요하지 않다는 내 말을 적절하게 변명할 수 있다. 로지아의 형태 구성이 로마식이고, 세부적인 비례가 로마의 비례를 따랐다는 것이다. 브루넬레스키의 디자인 의도는 로마의 것을 로마의 형태와 비례를 적용해 되살리는 것이었다. 이렇게 놓고 보면 로지아는 브루넬레스키의 디자인 의도에 정확하게 부합한다. 그래서 그것이 브루넬레스키 원작이냐 아니냐는 적어도 당대인들이 파치 예배당에서 얻는 체험을 얘기할 때는 그리 중요하지 않다.

이탈리아 르네상스 건축은 이렇게 시작했다. 고대 로마 건축을 수의 관계로 설명했다. 그리고 그 설명대로 새로운 건물을 지었다. 이렇게 탄생하는 건물은 고대 로마적이었고, 고대 로마적이라는 것은 플라톤에 의해 이데아의 가치를 부여받았다. 파치 예배당 당대인들이 쓰고 있던 색안경은 플라톤제 이데아였다.

서양사에 익숙한 독자들이라면 르네상스라고 불리는 시기가 그리

길지 않았다는 것을 잘 알고 있을 것 같다. 건축에서도 비슷한 일이 일어났다. 르네상스 건축은 흔히 브루넬레스키의 파치 예배당이 효시라고 한다. 그렇다면 르네상스가 시작된 시기는 1442년 무렵이다. 본격적인 바로크는 일 제수 성당이 완공된 1584년이라고 하지만 그보다 시간을 거슬러 가볼 수 있다. 미켈란젤로의 성 베드로 대성당이다.[61] 이렇게 보면 바로크의 시작은 1540년 무렵. 르네상스가 지속된 시간은 백 년 남짓이다. 르네상스에서 바로크로 전환하는 속도도 빨랐다. 미켈란젤로에서 시작해 본격적인 바로크가 등장하는 데 걸린 시간은 50년이 채 안 된다. 르네상스는 '어느 날 갑자기'라고 해도 좋을 만큼 금세 시들해졌다.[62] 주도적인 어떤 경향이 시들해졌다는 것은 다른 것이 나타났다는 것을 의미한다. 르네상스 건축의 특징을 간결한 기본 형상의 사용과 비례라고 본다면, 그 뒤를 이어 나올 건축의 특징이 짐작되지 않는가?

형상은 복잡해졌을 것이고, 세부 형상 간의
비례도 또한 그리되었을 것 같지 않은가?

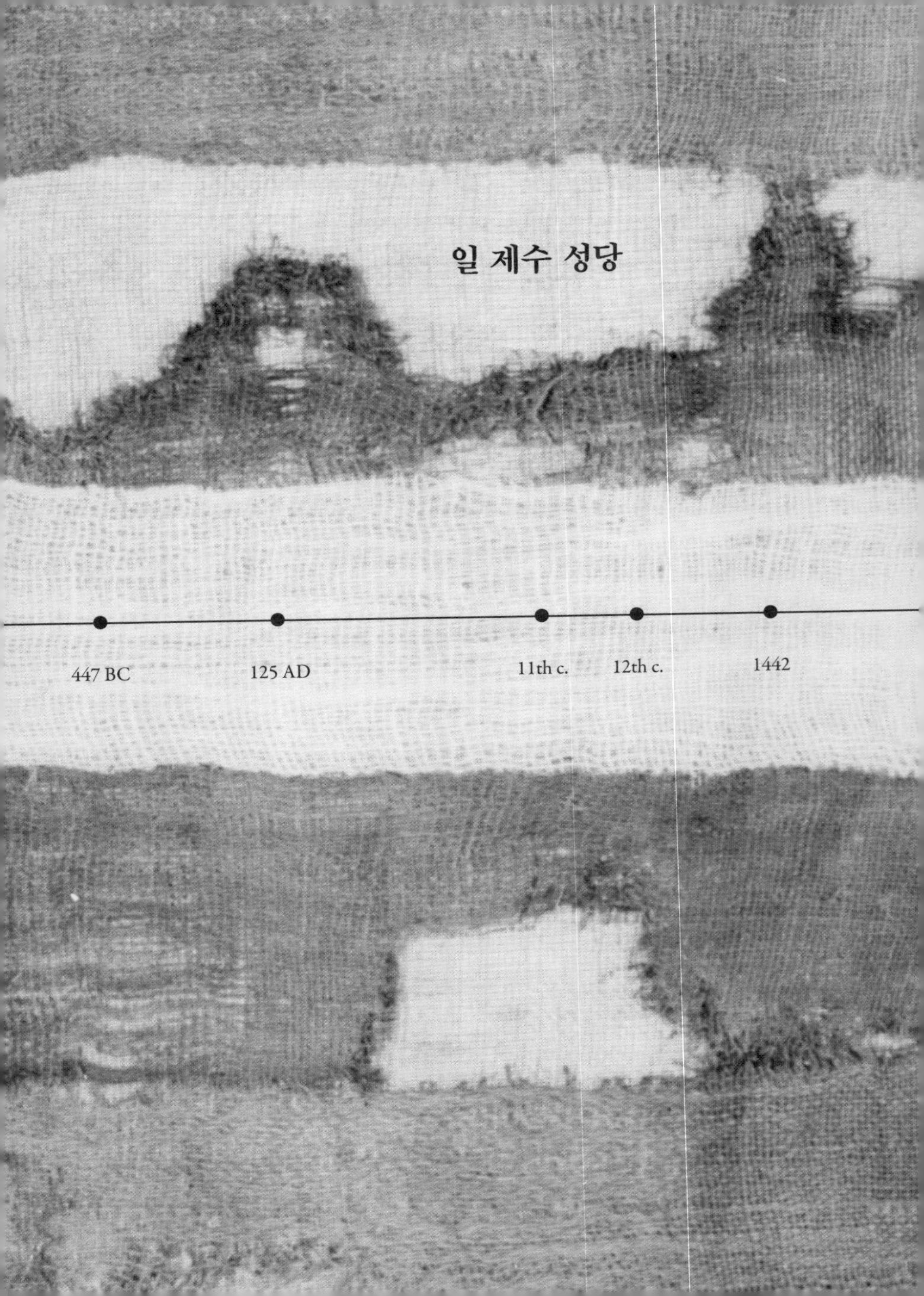

일 제수 성당
447 BC
125 AD
11th c.
12th c.
1442

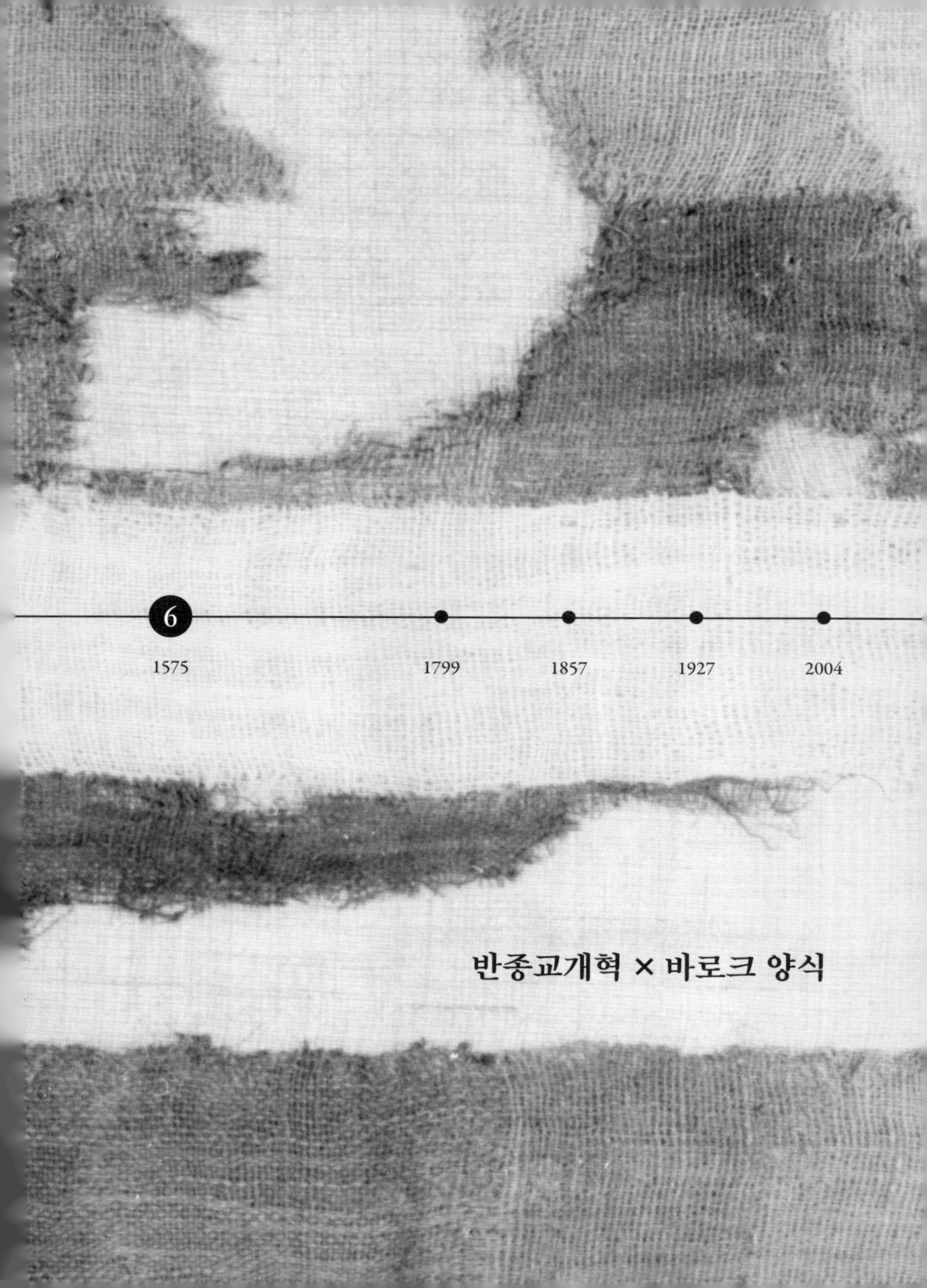

반종교개혁 × 바로크 양식

묘하게 변형됐지만, 그래도 어울리게

로마 시내를 거닐면 날개 달린 삼각형 모양의 요상한 건물을 마주할 수 있다. 건물 정면도 요란하다. 정면을 여러 개의 작은 면으로 분할해서 그렇다. 수직 방향으로 층을 구분하는 경계에는 그리스 신전에서 보 역할로 사용하는 엔타블러처가 사용되었다. 그 엔타블러처 면을 조각으로 채우고 있어 더욱 요란스럽다. 그리스 신전에는 엔타블러처가 단 하나뿐이지만, 일 제수 성당(Chiesa del Santissimo Nome di Gesù)에는 두 개가 사용된다. 위층 엔타블러처 위에는 그리스 신전의 페디먼트가 얹혀 있다.

요란을 더해주는 요소는 또 있다. 벽에 반쯤 박힌 기둥들이다. 정면을 수평 방향으로 쪼개는데 기둥 두 개를 하나로 묶은 묶음 기둥을 사용하고 있다. 이런 묶음 기둥 여섯 개를 정면에 배치했다. 묶음 기둥 여섯 면, 다섯 개의 간이 나온다. 정면이 조각조각 이어 붙은 형상인데, 이런 형상을 묶음 기둥으로 경계 지은 느낌이다. 그래서 그 개별 조각이 더 돋보이고, 그래서 더 요란해 보인다.

중앙에 있는 세 개의 간에 출입문을 달았다. 중심에는 가장 큰 문을, 양옆으로는 작은 문을 달았다. 가장 바깥쪽 간은 창이나 문 없이 평평한 벽으로 처리했다. 문의 상부에는 인방(상인방)과 별도로 작은 페디먼트를 장식적으로 부가했다. 하부층의 입면 구성이 상부층 입면에 그대로 반복된다. 하지만 디테일에 차이가 있다. 문 상인방에 아치를 사용하고 있다는 것이 위아래 문의 형상을 사뭇 다르게 만든다. 2층 문은 개구부가 2층 바닥까지 내려와서 문의 형상을 하고 있지만, 기능적으로 보자면 창이다.

일 제수 성당 정면

이 창의 하부에 난간이 설치되어 있다. 최상부에는 페디먼트가 보인다. 삼각형 모양의 지붕을 얹혀 놓은 셈이다. 원래 페디먼트의 기능은 지붕 물매(기울기)로 만들어지는 삼각형 박공을 장식적으로 노출하기 위한 것이었다. 일 제수의 페디먼트도 당연히 그런 기능을 한다. 하지만 모습이 범

상치 않다. 중앙에 부조 장식 하나를 강조해서 설치한 모양새가 그렇다.

일단 여기까지가 일 제수의 큰 모양새다. 하지만 이것만으로 입면 설명이 다 끝나지 않는다. 입면을 제대로 전달하자면 좀 다른 설명이 필요하다. 지금까지 들은 설명만으로도 헛갈릴 테지만 조금만 더 가보자. 앞서 한 설명을 요약하자면 이렇다. 열주·엔타블러처·페디먼트 등을 사용해 정면을 분할하고 장식적으로 보이게 했다. 이들은 그리스식이다. 그런데 자세히 들여다보면 그리스 것을 그대로 가져다 사용하지 않았다. 어느 것 하나 그리스식 원형에서 변형되지 않은 게 없다.

기둥을 보자. 그리스에서는 볼 수 없는 기둥이다. 기둥이 보 역할을 하는 엔타블러처를 받치고 있다는 구조적 맥락에서는 분명 그리스 신전을 연상시킨다. 엔타블러처와 기둥이 만나는 지점에 주두를 코린트 형식으로 장식하고 있다. 확실히 그리스 신전 양식이다. 하지만 기둥의 디테일은 사뭇 다르다. 두 가지가 크게 다르다. 하나는 그리스식 기둥처럼 완전하게 독립된 것이 아니라 벽에 반쯤 묻혀 있다. 또 하나, 기둥은 대부분 단면 모양이 원형이지만 여기서는 사각형으로 처리되었다. 이런 기둥을 부르는 고유한 이름이 있다. 오더가 아닌 필라스터(pilaster)라고 부른다.

엔타블러처도 그리스 것과 다르다. 엔타블러처 상부 일부를 돌출시켰다. 마치 짧게 내민 처마 같다. 처마의 주요 기능이라면 비를 그을 수 있게 하는 것인데, 여기서는 그런 기능을 염두에 두지 않은 듯하다. 비를 긋기에는 돌출 길이가 너무나 짧다. 처마의 두 번째 기능은 빛 가리개다. 그런데 여기선 내부에 그늘을 만드는 기능 또한 염두에 없는 듯하다. 분명 전통적인 처마와는 다르지만, 뭔가 기능을 한다. 정면을 그늘이라는 선

일 제수 성당 페디먼트 상세

으로 확실하게 분할하는 역할을 한다. 그리스의 모양을 하고 있지만 전혀 그리스적이지 않다.

그리스 건축으로부터 왔지만 페디먼트는 그 형상이 가장 다르다. 삼각형을 수평으로 삼 분할해서, 중앙은 조금 튀어나오고, 양옆은 상대적으로 함몰시켜 놓았다. 그러니 당연히 삼각형이 세 개로 쪼개진 것으로 보인다. 이런 모양은 전례가 없다. 여기까지의 얘기를 요약하면 이렇다. 그리스 고전 건축 요소를 가져다 사용했다. 르네상스 건축이 로마 건축을 흉내 낸 것에 비해, 여기서는 그리스 건축을 따른다. 르네상스 건축과 다른 뭔가를 추구하고 싶었던 것이 분명해 보인다. 그런데 묘하게 변형되었다. 여기서 '묘하게'가 핵심이다.

눈에 띄는 요소들이 더 있다. 너무나 독특해서 형상을 묘사하자면 얘기하지 않을 수 없는 그런 것 말이다. 측면을 보면 상하부로 나뉜 두 개의 매스 중 하부를 다시 두 층으로 나누고 있다. 각 층에 작은 창문을 규칙적

일 제수 성당 측면과 르네상스 양식 건물의 측면

으로 배열하고 있다. 어디에서 본 것일까 하면 바로 르네상스 스타일이다. 특히 르네상스 시기 궁전 건물에서 자주 사용하던 입면 구성이다. 르네상스 양식은 쌓는 돌의 크기와 모양을 달리해 층을 구분한다. 일 제수에서는 창의 상인방의 수평적 요소를 강조해서 그렇게 했다. 얼핏 르네상스에서 가져온 듯 보이지만 자세히 보면 그냥 가져다 쓴 게 아니란 것을 알 수 있다. 묘하게 그리고 어울리게 변형을 가했다. 여기서 핵심은 '어울리게' 변형되었다는 점이다.

일 제수 성당 측면의 부축벽

측면 상부층을 보면 부축벽이 보인다. 수평 길이가 길어서 로마식 부축벽이라고 보긴 어렵다. 그렇다고 하부에 구멍을 뚫진 않았다. 그래서 또 고딕식 플라잉 버트레스(flying buttress)로 보이지도 않는다. 로마 혹은 고딕 양식에서 가져온 듯하지만 이것도 묘하게 변형되어 있다.

일 제수의 입면을 설명하자면, 눈을 잡아끄는 요소가 너무 많아 설명을 해도 해도 끝나지 않을 것 같다. 그래서 생략하겠다는 말은 아니다. 바로 그것이 일 제수의 특징이다. 볼 게 지나치게 많다는 것. 이걸 좋게 표현하면 풍부하다가 된다. 너무 많다는 것은 부정적인 어감을 내포해 적절치 않다. 풍부하다는 것은 그냥 좋다는 뜻이 강하다. 풍부하다가 너무 많다와 차별되는 점은 봐도 봐도 질리지 않는다는 것이다. 아라비안나이트의 천일야화가 형태로 표현되는 것 같다. 재밌는 얘기가 끝도 없이 이어진다. 일 제수에서는 볼만한 형태가 끝도 없이 이어진다.

일 제수가 풍부한 볼거리를 만드는 데 사용한 전략은 예전 것 가져다 쓰기다. 이미 설명한 바와 같이 일 제수에는 그리스·로마·고딕·르네상스 양식이 섞여 있다. 이렇게 예전 것들을 적당히 섞어 사용하는 방법은 일 제수보다 3백 년은 더 가야 본격적으로 나타난다. 이것저것 기존에 있던 것을 섞어 쓴다고 해서 절충주의라고 부른다. 이 양식, 저 양식을 절충해서 썼다는 뜻이다.

외관 설명을 여기서 끝내면 일 제수는 절충주의 효시가 된다. 하지만 두 가지 의미에서 절대로 그렇게 볼 수 없다. 일 제수 이후 섞어 쓰기가 일정 기간 지속적으로 유행하지 않았다는 것이 가장 큰 이유다. 다른 하나가 더 중요하다.

일 제수가 기존의 양식적 요소를 여기저기 가져다 쓴 것은 분명한데, 그걸 그냥 그대로 사용하지 않았다. 위에서 설명한 것처럼, 묘하게 변형을 가해서 사용했다. 특히 주목해야 할 지점은 변형을 가해서 '잘 어울리게' 했다는 점이다. 이런저런 형태적 모티브에 살짝 변주를 줘 서로 조화를 이루도록 했다. 이런 어울리는 변형이 일 제수의 특징이다.

일 제수는 자칫 절충주의라고 폄하될 수 있다. 하지만 절충된 요소들을 다른 맥락에서 살려냈다. 그래서 이전의 것들과 묘하게 비슷하면서도 전체적인 맥락은 사뭇 다른, 그래서 다른 이름으로 부를 수밖에 없는 양식을 창안했다. 사람들은 바로크라는 이름을 붙였다.

바로크의 어원에 대한 설명은 재밌는 것이 많다. 하지만 그걸 다 얘기할 필요는 없다. 이것 한 가지가 가장 중요하다. '이상하다'라는 뜻이다.[63] 이상하다는 표현을 우리는 언제 사용하는가? 내가 알고 있는 뭔가와 비슷한데 조금 다르다. 묘하게 다르다는 뜻이다. 기준이 있고, 거기서 벗어난다는 얘기다. 기준을 전혀 찾을 수 없을 정도로 아주 다르다면 이상하다고 하지 않는다. 처음 본다, 특이하다고 하지.

이제 안으로 들어가 보자. 들어서는 문은 이전 성당 건축에서 흔히 보던 방식과 같다. 중앙에 큰 문, 좌우에 작은 문. 중앙 큰 문이 사람을 위한 것이 아니라는 것은 직감적으로 안다. 성당은 신과 사람이 만나는 곳이다. 그렇다면 이곳을 드나드는 존재가 대략 두 종류가 있는 셈이다. 신과 인간이다. 둘을 차별하지 않으면 안 된다. 그래서 당연히 중앙 큰 문은 신의 것이다. 드나드는 존재가 두 종류뿐이라면 문은 두 개면 될 것 같다. 그런데 그게 아니다. 정면에 있는 두 문 중 하나는 크게, 하나는 작게 만들어 놓으면 뭔가 어색하다. 대칭적이 아니고, 균형이 맞지 않아 보인다. 그러니 중앙에 큰 문을 두고 좌우로 작은 문 두 개를 두는 것이 무난하다. 파리 노트르담 대성당에서 본 것과 마찬가지다.

내부에 들어서면 휘황찬란한 장식이 가장 눈에 띈다. 이 장식은 조각과 회화로 만들어졌다. 벽면이 그대로 노출되는 법은 없다. 벽면은 작은 면으로 쪼개지고, 그 안에는 조각과 회화가 가득 차 있다. 내부에서 바라보는 면을 구분하자면 벽면과 천장 면이 있다. 천장은 볼트와 돔으로 만들어졌다. 볼트는 볼트의 직각 방향으로 여러 개로 쪼개져 있다. 돔도 마찬가지다. 돔의 가장 높은 정점에서 하부 원주로 잘게 자른 수박처럼 쪼개져 있다. 그 조각마다 랜턴(창)을 설치했다.

시각적으로 볼 때 내부에서 보이는 형상의 특징은 모든 면이 잘게 쪼개져 있다는 것이다. 그런데 그 상태를 적나라하게 드러내지 않는다. 면을 구분 짓는 경계를 독특한 방법으로 처리하고 있다. 경계를 분명하게 드러내기보다는 경계선에 위치시킨 그림과 조각으로 인해, 두 개의 분할 면이 하나로 이어진 인상을 준다. 얼핏 보면 두 면이고 그런가 싶어 다시 보면 하나의 면이다. 하다 보니 이렇게 된 것일까? 계획적인 것일까? 예술작품에서 뭔가 의아하게 여겨지는 부분은 다 의도된 것이라고 생각하면 대개는 맞다. 여기서도 분명 의도가 있다. 그 의도가 무엇인지 궁금할 법도 하

일 제수 성당 평면도

지만 그 궁금증을 푸는 일은 잠시 미뤄두자. 내부 형상을 살펴보았으니, 이제 공간을 살펴볼 차례다.

문을 들어서면 단 하나의 공간이 통째로 눈에 들어온다. 중앙에 네이브가 있고, 기존 성당이라면 아일이 있을 자리에 제단이 놓여 있다. 정면 방향으로 주제단이 위치한다. 주제단과 네이브 사이에는 트랜셉트가 놓인다. 트랜셉트의 길이는 네이브의 폭과 같다. 전체적인 평면 형상이 약간 긴 직사각형 모양이다. 네이브와 트랜셉트가 만나는 지점에 큰 돔이 얹혀 있다. 돔의 형상은 반구형이다. 실내에 빛을 들이는 창은 측면의 고측창과 돔의 랜턴이다. 여기서 쏟아져 들어오지는 빛이 화려하기 그지없는 조각과 회화를 더욱 눈부시게 만들고 있다.

일 제수 성당 내부에서 우리는 무엇을 보는가? 하나의 커다란 공간

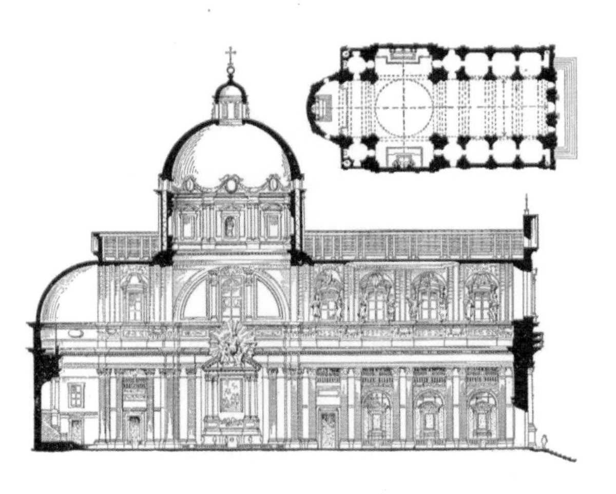

일 제수 성당 단면도

일 제수 성당의 고측창에서 쏟아지는 빛

과 그 공간을 둘러싼 면을 장식하는 조각과 회화의 휘황찬란함이다. 이런 분위기는 앞서 말한 두 종류의 창으로부터 쏟아져 들어오는 빛에 의해 강화된다. 고측창으로부터 쏟아져 들어오는 빛은 볼트형 천장에 그려진 벽화를 현실 세계의 것이 아닌 것처럼 보이게 만든다. 여기서 중요한 역할을 하는 것은 밝은 빛이다.

돔의 랜턴도 제 몫을 한다. 그런데 고측창과는 반대로 기능한다. 고측창의 빛이 조각과 회화를 밝게 빛나게 한다면, 랜턴의 빛은 오히려 어둠을 강조한다. 볼트형 천장의 조각과 회화가 자신을 드러내지 못해 안달하는 반면, 돔의 조각과 회화는 어둠 속에 살짝 숨는다. 볼트형 천장의 조각과 회화는 천국을 드러내 놓고 보여주는 듯한데, 돔을 장식한 조각과 회화는 사람이 다 들여다볼 수 없는 신의 영역으로서의 천국을 보여준다. 여기까지가 현대인이 일 제수를 보면서 느낀 감상일 것이다.

변화무쌍하게 흘러가는 공간

지어진 지 오래된 건물들은 시간이 흐르는 동안 적지 않은 변화를 겪는다. 특정 용도로 계속 사용되어 온 건물이라면 더욱 그렇다. 성 필리베르 수도원도 그랬고, 파리 노트르담 대성당도 그랬다. 심지어 파치 예배당에도 추가 혹은 변형된 부분이 있었다. 하지만 일 제수에서는 그런 변형은 없다. 단지 하나 있다면 네이브 천장에 그려진 회화가 건물이 지어진 뒤 백 년쯤 지나서야 완성되었다는 시간적 차이가 있을 뿐이다.[64] 그렇다면 우리가 당대인의 눈으로 보는 일 제수를 얘기할 때 천장에 그려진 회화의 효과를 배제해야 하는지 의문이 든다.

일견 그래야 할 것도 같지만, 결론은 파치 예배당의 경우와 같다. 네이브 천장화가 건물이 지어진 후 백 년이 지나서야 완성됐다는 사실을 고려해도 일 제수 건물의 디자인과 다르지 않은 의도로 읽힌다. 천장화는 건물 의도에 변주를 주었다기보다는 보강하는 듯 보인다. 이후 상세하게 논의하겠지만 보강이라고 볼 적절한 이유를 간략하게 설명하자면 이렇다. 일 제수라는 건물의 의도는 천국을 눈부시게 화려한 모습으로 사람들에게 보여주는 데 있었다. 천장화는 이런 목표를 달성하는 데 중요한 역할을 한다. 그래서 굳이 당대인이 일 제수에서 느낀 감정을 얘기할 때, 그리고 그들이 끼고 보는 색안경에 관해 얘기할 때 천장화를 제외할 필요는 없을 것 같다.

같은 건물인데도 당대인과 현대인이 본 일 제수는 다르다. 이유는 간단하다. 여러 차례 설명했듯, 우리는 눈으로 보는 것이 아니라 뇌의 해석

일 제수 성당 천장화

을 거친 결과물을 보기 때문이다. 당대인들과 현대인들이 다른 것을 본다는 말은 결국 다른 해석을 한다는 것이다. 뇌는 무엇인가를 관찰하는, 즉 보는 시점까지의 지식과 경험을 바탕으로 해석한다.

현대인들은 현대의 지식으로, 당대인은 당대의 지식으로 일 제수를 본다. 시대마다 지식이 다른 만큼 당연히 다르게 보였을 것이다. 이제부터 그것을 찾아가 보자. 일 제수 당대의 사람들이 현대인과 다르게 가지고 있던 지식과 경험이 무엇인지. 131페이지를 펼쳐 외관을 보자.

일 제수의 정면에는 그리스 건축 양식이 다수 사용됐다. 그런데 이것들이 눈길을 확 끄는 이유는 그리스 원래의 것과 조금씩 다르기 때문이다. 기둥은 쌍으로 묶어 놓았고, 원형이 아닌 평면형이다. '그리스 기둥이겠지' 하고 주의를 다른 곳으로 돌리려는 순간 '어. 그게 아니네' 하면서 집중하게 된다. 엔타블러처도 마찬가지. 마치 처마처럼 기능하는 엔타블러처는 본 적이 없다. 그러니 집중하게 된다. 조각난 페디먼트 또한 본 적이 없다. 당연히 눈길을 사로잡는다. 날개도 그렇다. 측면에 르네상스 양식과 고딕 양식이 보인다. 마찬가지로 원래의 르네상스 양식이나 고딕 양식 그대로 사용되지 않았다. 변형이 있다. 그래서 눈길을 사로잡는다.

현대인과 당대인 중 어느 쪽이 더 일 제수에서 보이는 변형에 민감할까? 이걸 판단하려면 시대마다 익숙하게 보인 것이 무엇이었는지 알 필요가 있다. 현대인들, 특히 관광 목적으로 건물을 감상 대상으로 보는 현대인들은 다양한 건축 양식에 대한 지식을 갖고 있다. 물론 사람마다 편차가 있을 수 있다. 하지만 현대인들이 당대인들보다는 일반적으로 더 많은 정보를 알고 있을 것이라는 주장에 무리는 없다.

현대인들에게 일 제수의 풍부한 볼거리는 흔히 절충주의 양식이라고 불리는 건축 형식과 비교하면 딱히 풍부한 것도 아니다. 어렵지 않게 접할 수 있는 그런 것 중 하나일 뿐이다. 반면, 당대인들의 눈에 익숙한 건축 양식은 일 제수와 같은 유형이 나타나기 이전의 것이다. 바로 르네상스 양식이다. 파치 예배당을 떠올리면 된다. 단순한 시각 요소를 사용하고, 그 요소 간의 크기 관계도 단순한, 즉 일정한 비례를 지향하는 그런 건축이다. 일 제수 당대인들의 눈은 이런 양식에 길들어 있었다.

파치 예배당 이후로도 변화해 온 건축 양식에 관해 어느 정도 알고 있는 현대인들과 달리 당대인들의 지식과 경험은 파치 예배당에 국한된다. 당대인들이 의식적으로 그리하지 않으려고 해도 일 제수와 파치 예배당은 겹쳐 보였을 것이고, 비슷하지만 살짝 다른 것을 우리보다 더 많이 찾아냈을 것이다. 그래서 현대인보다 일 제수 외관의 풍부함을 크게 체감했을 것이다.

이제 내부로 들어가자. 당대인들의 눈에는 무엇이 보였을까? 우선 아일이 사라졌다는 것이 가장 눈에 띄었을 것이다. 이전 성당은 전통적으로 중앙의 네이브와 좌우의 아일, 삼 분할로 구성된다. 아일과 네이브는 기둥 열로 구분되었고, 이 기둥은 매우 강력한 시각 요소였다. 그런 요소가 사라지고 네이브만 덜렁 남아 있으니, 네이브의 공간감이 강조되어 보이는 것은 당연하다.

기존 성당 평면 구성에서 아일이 있던 자리는 제단이 차지하고 있다. 제단 영역은 아치형 문이 달린 별도의 공간이다. 기둥만으로 분리된 시각적으로 열린 아일 공간과 네이브 공간의 공존보다, 네이브 공간만이 강조되어 보인다.

이제 천장으로 눈을 돌려보자. 화려하기 그지없는 천장화에는 자연스레 시선이 간다. 현대인 눈에는 그저 화려한 천장화가 눈에 들어온다. 그런데 당대인들에게도 그랬을까? 달랐을 것이다. 당대인들은 또다시 일 제수 이전의 천장과 비교해서 보게 된다.

그들이 보아온 고딕 성당 네이브 상부의 천장은 일 제수와는 달랐다. 직사각형으로 구분된 영역이 제단을 향하는 방향을 따라 줄지어 늘어선 모습이다. 게다가 거기에 천장화란 없다. 기존 성당 건물은 중앙의 기다란 네이브가 몇 개의 직사각형으로 나뉜다. 이렇게 구분된 직사각형의 경계는 볼트를 구성하는 리브에 의해 더욱 확연하게 구획된다.

이런 지식과 경험은 일 제수를 보는 당대인들이 우리와는 다른 것을 보도록 한다. 일 제수의 네이브 영역은 단 하나의 공간으로 당대인들 눈에 비추어진다. 일단 네이브 공간이 구획되지 않았기에 그렇다. 여기서 좀 섬세할 필요가 있다. 구획되지 않았다는 것은 물리적 형상이다. 이걸 염두에 둔다면 현대인의 눈에도 그렇게 보여야 마땅하다. 하지만 중요한 것은 현대인들이 그걸 눈여겨보지 않는다는 것이 중요하다.

네이브 공간이 한 덩어리로 눈에 들어오는 효과를 강화하는 것은 역시 천장화다. 천장화가 하나로 이어지면 사람들은 공간도 하나로 본다. 그런데 여기서 유심히 살펴볼 또 하나의 포인트가 있다. 만약 천장화를 유심히 들여다본다면, 무엇이 달라 보일까? 세세하게 본다는 것은 내용을 구분한다는 것이고, 이것은 인지 대상 영역도 구분할 수 있다는 의미가 된다. 그렇게 하는 것이 좋을까, 못 하게 하는 것이 좋을까? 일 제수에서 말이다.

일 제수의 건축가는 네이브가 하나의 덩어리로 인지되길 바랐다. 그 이유에 관해서는 잠시 뒤에 자세하게 설명한다. 여기서는 원하는 시각적 효과를 얻기 위한 기술적 대응에 집중하자. 우선 천장화의 화려한 색채가 명확한 시각적 구분을 어렵게 만든다. 하지만 더 중요한 효과는 상부 고측창에서 쏟아져 들어오는 빛이다. 이 빛은 두 가지 방식으로 작동한다. 하나는 그림을 비추어 명도를 높이는 효과, 다른 하나는 사람의 눈에 들어오는 빛의 양을 늘려 눈을 부시게 하는 효과다. 이런 빛은 상상력을 자극하고 인지 정도를 떨어뜨린다. 당연히 천장화는 세세하게 구분되지 않은 상태로 하나의 덩어리로 인지된다. 그래서 일 제수의 내부 공간은 구획으로 단절되지 않고 연속된 것으로 보인다.

공간의 연속은 앱스(apse)와 중앙 돔의 연결에서도 포착된다. 앱스와 중앙 돔을 연결하는 지점에 놓인 아치에 집중해 볼 필요가 있다. 이 아치는 아치인가 볼트인가 헷갈리게 되어 있다. 이것이 무슨 효과를 가져오는가? 그걸 알고 싶다면 일 제수의 아치를 다른 것으로 대체해 보면 된다.

앱스와 중앙 돔을 연결하는 아치

볼트인지 아치인지 모를 그런 것이 아니라, 확실하게 아치로 보이는 그런 아치를 썼다고 상상해 보자. 그 순간 돔 하부 공간과 앱스 공간은 둘로 분리된다. 일 제수 앱스와 중앙 돔 하부를 나누는 아치(또는 볼트)의 역할은 공간의 분할이 아니라 이어 붙이기라는 것을 알 수 있다.

우리는 일 제수 내부에서 다채로운 감정과 감상을 얻을 수 있다. 네이브 공간을 하나의 덩어리로 인식함으로써 '무게감'과 '장엄'함을, 네이브 공간이 하나로 이어지고 앱스와 중앙 돔 하부가 물 흐르듯 연속성을 띠면서 '움직임'을, 살짝 겹치는 연속적인 공간이 관찰 대상을 아주 잘게 나누고 그 경계를 불분명하게 만들면서 '회화적' 효과가 창출됨을 본다.[65] 이런 효과들은 결국 하나를 지향한다. 지상에 건설된 천국이고, 하나님의 권위다. 일 제수라는 물리적 공간이 지상 천국이 되고, 하나님의 권위를 드러내기 위해서는 '장엄'해야 하고, '움직임'을 강조해 넋이 나가게 해야 하고, '회화적' 효과를 강조해 꿈꾸는 듯한 분위기에 취하게 해야 한다.

물리적 공간을 동원해 하나님의 존재를 느끼게 하는 시도는 로마 성 베드로 대성당에서도 마찬가지로 발견된다. 지상에 현현된 천국, 그리고 하나님의 권위를 경험한다는 점은 동일하지만 그 방법이 다르다. 성 베드로 대성당이 사용한 방법은 과도한 크기와 무게감이다. 중앙 돔에 올라가 아래를 내려다본다고 상상하자. 미사를 집전하는 추기경과 그를 따르는 사제들이 손톱만 한 크기로 보인다. 중앙 돔을 떠받치고 있는 기둥의 굵기는 구조 공학을 모르는 문외한에게도 극단적인 과다 설계로 보인다. 이미 수백 년 전 돌을 마치 철처럼 사용하던 인류가 어느 날 갑자기 그런 지식과 기술을 잃었을 리 없다. 성 베드로 대성당의 과다 설계는 분명 의도적이다. 사람들은 이런 걸 만든 이라면 정말 하나님이라고 생각했을 것이고, 그렇게 믿게 되었을 것이다.

성 베드로 대성당이 크기와 무게감으로 당대인을 감동하게 했다면, 일 제수는 화려함과 연속적으로 변화무쌍하게 흘러가는 공간감으로 정신을 못 차리게 해서 당대인의 마음을 움직였을 것이다. 이게 바로 당대인들이 일 제수에서 본 것이다. 이제부터는 왜 이런 것들을 보게 하려고 애썼는지 살펴보자.

회화적 화려함 뒤에 아리스토텔레스

당대의 색안경에 대해 본격적으로 얘기하기 전에 파치 예배당 시기의 사람들이 썼던 색안경을 상기해 보자. 플라톤제다. 그런 색안경으로는 일 제수가 감동적일 수 없다. 오히려 타락에 가깝다. 당대인들이 타락이라 생각했다면 일 제수는 만들어지지 않았을 것이다. 파치의 사람들이 타락이라고 생각할 만한 것을 뭔가 다른 좋은 것으로 인식하게 만든 그 색안경을 찾아야 한다.

1517년 독일 비텐베르크 성문 앞에 붙은 '마르틴 루터 95개 조 반박문'. 루터의 질의다. 이를 기점으로 기독교 개혁 운동이 거세게 일어난다. 지금의 독일에서는 루터가, 스위스를 중심으로는 칼뱅과 츠빙글리가, 프랑스에서는 위그노, 영국에서는 윌리엄 틴들에 의해 기존 기독교를 개혁하고자 하는 움직임이 거세진다. 이후 이들의 종교개혁 운동은 신교의 탄생으로 이어진다.

종교개혁의 움직임이 심상치 않자, 기존 가톨릭은 어떤 형식으로든지 반응하지 않을 수 없었다. 개혁 세력의 주장을 얼마나 수용하느냐가 반응의 주 내용이 된다. 복잡하고 어려운 과정을 거쳤지만 16세기 가톨릭의 결정은 신교의 주장을 무시하는 것이었다. 이 상황에서 가톨릭은 세 가지 방법으로 대응한다. 하나는 종교 재판이다. 신교의 주장을 종교 재판을 통해 억압하고 무력화시키려 했다. 이 와중에 많은 신교도가 처형당했다. 두 번째는 트렌트 회의(Council of Trent)다. 트렌트에 모여 신교의 주장을 얼마나 용인할지 진지하게 논의한다. 하지만 결론은 기존의 주장과 조금도 달라지지 않는다. 종교의 정통성과 당위성을 다시 한번 확인하고 신교를 다시 제자리로 돌려야 한다고 주장한다. 세 번째는 예수회라는 단체의 결성과 운영이다. 예수회는 트렌트 회의에서 결정된, 가톨릭의 권위를 강화하는 선봉대 역할을 한다.

이 와중에 예수회의 본부 역할을 하는 성당이 설립된다. 그것이 바로 일 제수 성당이다. 일 제수 성당은 정통 가톨릭의 보호자로서 그 정통성과 권위를 드러내야 했다.[66] 하지만 기존 가톨릭과 똑같아서도 안 됐다. 신교의 주장을 억압한다고는 해도 종교를 개혁하는 시늉은 보여줘야 했기 때문이다.

우선 일 제수 성당은 기존 가톨릭 성당과는 조금 다른 모습이어야 했다. 그래서 라틴 크로스를 버렸다. 앱스가 짧아져 십자가의 모양이 사라졌다. 이전부터 사용해 오던 십자가 형상 대신에 오히려 장방형으로 돌아갔다. 여기서 돌아갔다는 표현이 가능한 것은 초기 기독교 교회의 바실리카 형상과 일 제수의 평면 형상이 유사하기 때문이다.

직전의 고딕 성당에서 사용되던 리브 볼트도 버렸다. 리브 볼트를 버린다는 것은 궁륭 볼트가 사용되었다는 것이고, 또한 반원형 아치가 살아났음을 의미한다. 돔도 마찬가지다. 리브를 이용한 포물선(포탄형) 형태가 아니라 반구형 돔이 나타났다. 이들은 창안이 아니라 재사용이었다. 고대 로마의 건축 양식이 되살아났다. 이 모든 것은 기독교의 재탄생을 의미하는 것이었고, 한편 초기 기독교의 정신을 되새긴다는 뜻도 있다.

일 제수는 가톨릭이 달라졌다는 것을 눈으로 보여주는 장치였다. 하지만 종교의 권위를 드높이는 일을 포기한 것은 분명 아니다. 기존 가톨릭 성당이 천국으로 향하는 문의 역할을 했다면, 일 제수는 하나님의 천국을 지상에 구현하고 있다. 상상에만 존재하던 천국을 눈으로 보여줌으로써 가톨릭의 권능을 강조하고자 했다.

일 제수가 천국을 시각적으로 구현하기 위해 동원한 방법은 바로 바로크 예술의 특징인 '회화적' 화려함, '장엄함', '무게감' 그리고 '움직임'이었다.[67] 이러한 바로크적 특징은 르네상스 건축과 극명하게 대비된다. 르네상스의 입맛으로는 허용될 수 없다. 다시 말해 일 제수 시기의 사람들이 여전히 르네상스를 지배하던 플라톤의 색안경을 쓰고 있었다면 이 같은 건축은 용납되기 힘들었을 것이다. 르네상스의 플라톤제 색안경은 이데아만을 인정한다. 이데아는 사람이 어쩔 수 없는 것이다. 그저 믿음과 신념 속에서만 존재할 수 있다. 건축에서는 이상적인 형태와 비례로 이에 반응한다. 원이나 사각형 같은 이상적인 형태를 구축하고, 그것들을 세세하게 잘라 작은 공간을 만들 때 비례를 적용한다는 뜻이다. 과도한 장식은 이상적인 형태를 가리는 방해물일 뿐이다. 따라서 장식은 절제된다.

일 제수는 현실 세계에서 뭔가를 만들어 천국을 지향한다. 이를 위해서 '회화적' 표현, 장식을 통한 '장엄함'의 표현, 한 덩이가 되어 나타나는 '무게감', 그리고 불분명한 경계가 만들어내는 '움직임'을 사용했다. 이것들은 르네상스의 플라톤제 색안경으로는 용인되지 않을 것이다. 이것들이 어떻게 용납될 수 있었을까?

트렌트 회의 결과에서 실마리를 찾을 수 있다. 이 회의의 중요 논쟁거리 중 하나가 '칭의(justification)'받음에서 '믿음'과 '행위'가 하는 역할이었다.[68] 정통 가톨릭은 '행위'의 중요성을 강조한다. 반면, 신교는 '믿음'의 중요성을 강조한다. '믿음'을 강조한다는 것은 '믿음'으로써 하나님의 은총으로 '칭의'받을 수 있다는 것이고, '행위'를 강조한다는 것은 사람이 행위를 통해 '칭의'받을 수 있다는 것이다. 가톨릭의 강경파들은 '행위'를 '믿음' 아래 위치시키는 것을 일절 거부했다. 트렌트 회의는 아퀴나스를 인용해 봉합을 시도한다. '믿음'과 '행위'는 다 같이 중요하다고.[69]

'믿음'과 '행위'의 이분법은 사실 그리스적인 '이데아'와 '현실'의 이분법과 동일한 것이다. '믿음'은 '이데아'고, '행위'는 '현실'이다. 플라톤은 '이데아'를 추구하고 '현실'은 그보다 열등한 것으로 취급한다. 아리스토텔레스는 이데아와 현실로 나누는 이분법에는 동의하지만 '현실'의 가치를 부인하지 않는다. 종교개혁과 반종교개혁이 동시에 진행되던 그 시기에 신교의 주장은 플라톤적이고, 정통 가톨릭의 주장은 아리스토텔레스적이었다.

일 제수의 화려함은 천국을 지상에 건설해 보여줌으로써 정통 가톨릭을 지지하고 정당성을 주장한다. 일 제수의 화려함은 인간에게 보여주기 위함이기도 하지만, 신에게 바치는 '행위'의 지극함이기도 하다. 인간이 쉽게 도달할 수 없는 '행위'를 구현함으로써 하나님으로부터 '칭의'받는 길로 나가고자 하는 절절한 노력이었다. 일 제수의 화려함이 구원받기 위한 '행위'로 인정될 수 있었던 것은 아리스토텔레스 덕이다. 예술을 통해 현실 세계에서 이데아의 세계를 지향할 수 있다는 아리스토텔레스의 주장을 받아들인다면, 일 제수가 지닌 화려함의 예술은 이데아의 또 다른 이름인 하나님의 나라, 천국으로 통하는 길을 여는 도구가 된다. 일 제수의 당대인들은 아리스토텔레스라는 색안경을 쓰고 세상을 바라보았다.

그리스 파르테논 신전에서는 소피스트(아리스토텔레스적)의 영향을, 로마 판테온과 성 필리베르에서는 플라톤을, 파리 노트르담 대성당에서는 아리스토텔레스를, 파치 예배당에서는 다시 플라톤을, 그리고 일 제수에서는 또다시 아리스토텔레스를 발견했다. 건축의 추는 플라톤과 아리스토텔레스 사이를 오가는 것처럼 보인다.

일 제수에서 아리스토텔레스의 정점에 도달했다면
이제 플라톤 쪽으로 추가 이동할 것 같다는 생각이 들지 않는가?

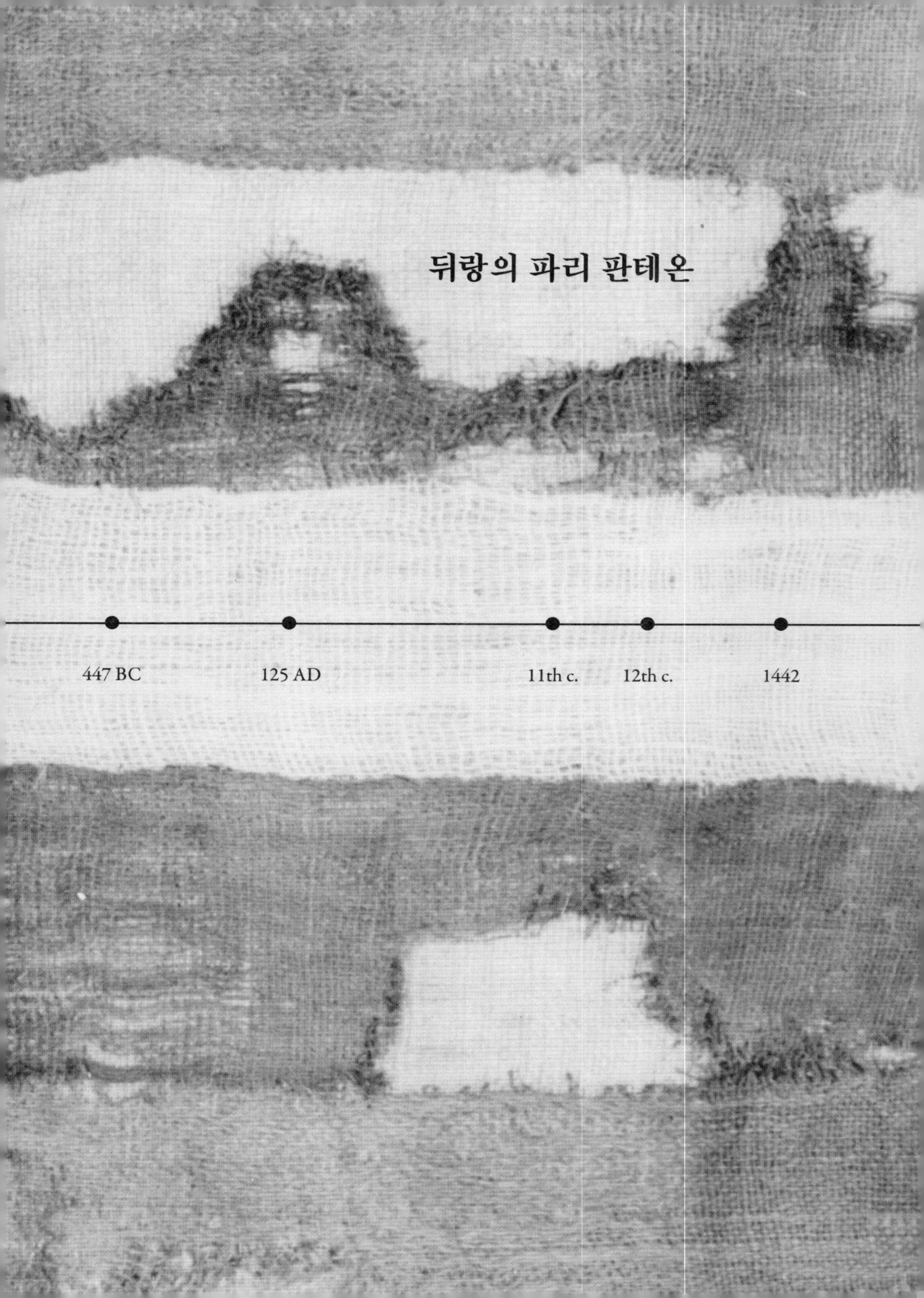

뒤랑의 파리 판테온

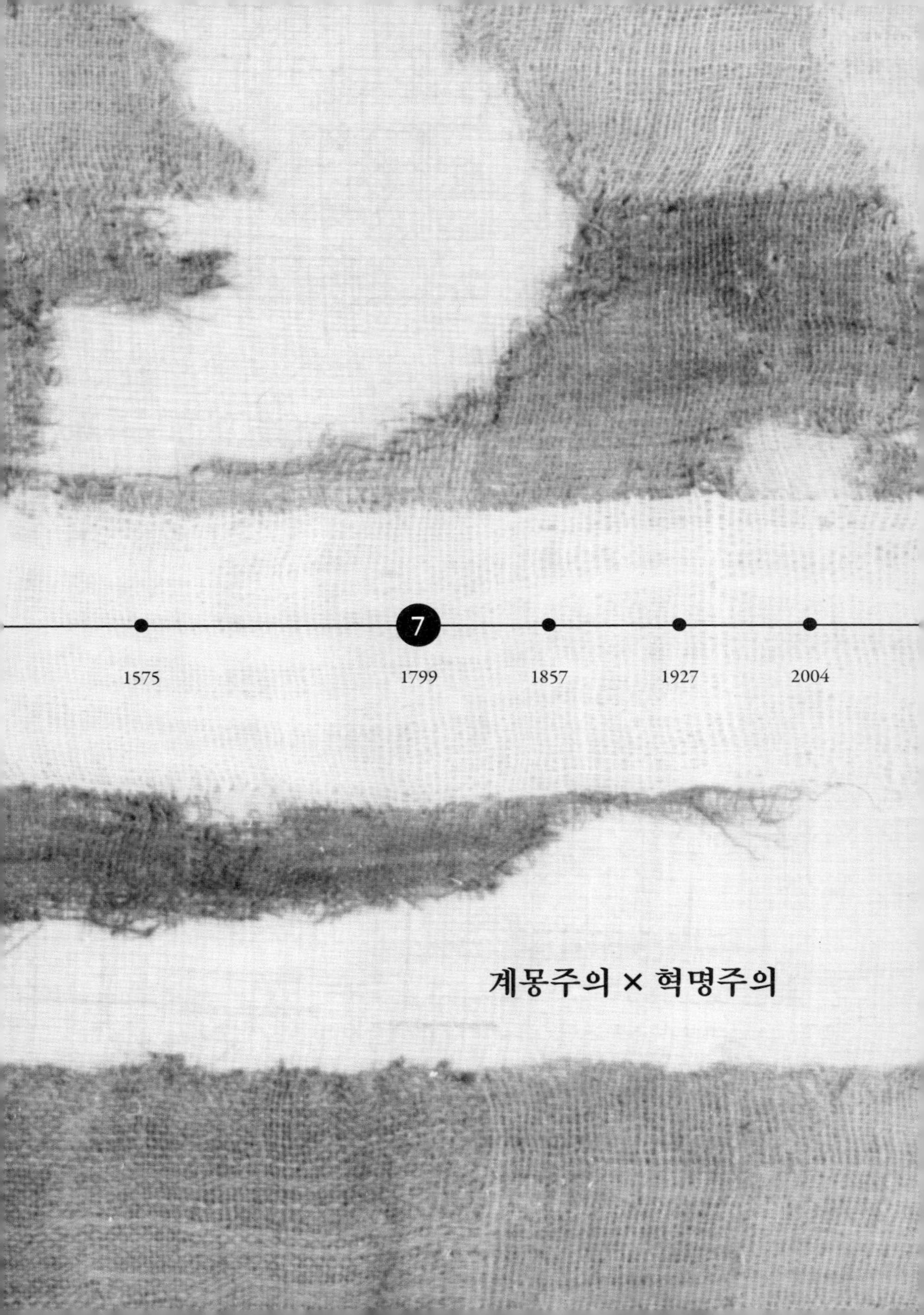
7
1575
1799
1857
1927
2004
계몽주의 × 혁명주의

신과 멀어지는 인간

이제 우리의 건축 미학 산책은 18세기 말, 19세기 초에 와 있다. 기원전 500년경의 그리스, 서기 400년까지의 로마, 1400년까지 천 년 넘게 지속된 중세를 지나 르네상스와 바로크를 걸어보았다. 그리스는 소피스트와 플라톤과 아리스토텔레스의 시대였다. 로마는 플라톤의 철학을 계승한 플로티노스로 인해 신플라톤주의 시대였다. 중세 초반은 신플라톤주의의 연장에서 아우구스티누스의 시대였고, 중세 후반은 아리스토텔레스의 연장선에서 아퀴나스의 시대였다. 그 뒤를 잇는 르네상스는 또다시 플라톤, 곧이어 바로크의 시대는 아리스토텔레스의 시대였음을 살펴보았다. 다른 이름으로 불리는 매 시기는 당대로 보아서 매우 중요한 전환기였다. 하지만 이를 능가하는 진정한 전환기가 다가오고 있었다.

1600년경 인류 역사에 전례가 없는 큰 변화가 시작됐다. 밀레니엄 스타가 탄생했다. 아이작 뉴턴이다. 코페르니쿠스, 갈릴레오로부터 시작된 막연한 의심 혹은 아랍으로부터 넘어온 의심스러운 지식을 지극히 당연한 사실로 만드는 사건이 발생한다. 뉴턴이 물체가 운동하는 원리를 발견했다. 뉴턴 이전에 물체의 운동은 하나님의 뜻이었다. 하나님 가라사대 해가 뜨고, 달이 지고, 이 세상의 물체는 땅으로 떨어졌다. 사과도 하나님의 지시를 받고 땅으로 떨어졌다.

뉴턴은 주변 실생활에서 관찰되는 객체 차원에서 운동이 왜, 어떻게 일어나는지 알려주었고, 이후 눈에 보이지 않는 분자 단위의 운동에 관한 지식도 상당한 발전을 거둔다. 뉴턴의 운동 역학은 물리학이라는 학문의 대표 이론이고, 물질 변화와 관련된 지식의 탐구에는 화학이라는 이름이 붙는다. 1600년대 이후 인류는 물리와 화학 분야에서 장족의 발전을 이루었다.

이 세상 물건들이 어떻게 운동하고 변화하는지 몰랐을 때, 사람들은 그 물체와 물질 뒤에 그것을 부리는 존재를 상정했다. 신이다. 물체마다 신을 두었다면 다신교, 단 하나의 신을 붙여 놓았다면 유일신교가 된다. 그럴 수밖에 없던 이유가 있다. 먼저 인식론적 이유다. 어떻게 운동하고, 어떤 변화가 발생하는지를 모르면 불안하다. 그래서 우선 신이 그렇게 한다고 이해하면 불안을 덜 수 있다. 한발 더 나아간다. 현실적인 이유다. 운동과 변화를 내게 유리한 쪽으로 이끌어야 하는데, 운동과 변화를 주관하는 신을 붙여 놓으면 방법이 생긴다. 신에게 빌면 된다. 신에게 빈다는 것은 효과가 아주 좋다. 우선 빌어서 내 뜻대로 되면 최상이다. 빌어서 해결되지 않는다고 해도 괜찮다. 마음에 위안이 남는다. 그리고 왜 내 뜻대로 안 되는 것인지를 아니, 답답함도 불안도 없다. 나의 기도가 부족해서 그런 것이니. 여전히 희망을 품을 수 있다. 이런 희망은 물리학이나 화학과 같은 과학은 주기 힘든 감정이다.

뉴턴과 그의 어깨에 올라탄 또 다른 거인들이 한 일은 운동과 변화에서 신을 떼어낸 일이다. 이제 사람들은 운동과 변화를 내게 이로운 쪽으로 끌고 가기 위해 기도하지 않는다. 기도해서 되는 일이 아니라는 것을 알게 되었다. 물리학과 화학의 뒤를 이어 생물학이 탄생했다. 생물학에서 진화론이 등장했다. 물리학과 화학 때문에 물체와 물질의 운동과 변화를 주관하는 자리에서 물러난 신은 더욱 궁지에 몰리게 되었다. 이쯤 되자 인간은 기고만장해지기 시작한다. 그래서는 안 되었는데, 기고만장했다. 어쩌면 그게 바로 인간인지도 모르겠다. 인간은 이 세상의 모든 것을 다 안다고 자신했다.

라플라스의 악마가 나타났다.[70] 때는 1814년이었다. 이 세상에서 일어나는 모든 일을 예측할 수 있다고 생각했다. 기독교의 예정설이 현실이 되어 나타났다. 하지만 큰 차이가 있다. 하나님이 예정하신 것이 아니고, 물질세계가 그렇기 때문이라고 한다. 하나님의 예정은 인간이 알 수 없는 일이지만 물질의 예정은 인간이 이해할 수 있는 것이기에 아주 큰 차이가 있다.

1894년 라이어슨 물리학 연구소 개소식 연설에서 앨버트 마이컬슨은 주요한 물리학 법칙들은 이미 다 발견되었고, 남은 것은 정밀한 측정뿐이라는 취지의 발언을 한다.[71] 현재 상태를 정밀하게 측정할 수 있으면 미래를 정확하게 예측할 수 있을 것이라고 믿었다. 불과 50년도 지나지 않아, 양자역학의 탄생으로 그것이 얼마나 어리석은 교만이었는지를 모두가 알게 되지만 적어도 인류는 이때까지는 자만했고, 기고만장했다.

이런 얘기가 건축과 무슨 관계가 있나 의아할 수도 있겠다. 이런 얘기를 한 이유가 있다. 이번 장의 주인공인 장 니콜라 루이 뒤랑(Jean-Nicolas-Louis Durand)이 살던 시대에 사람들이 어떤 생각을 하고 있었는지를 얘기해야 했기 때문이다. 과학자인 조지프 존 톰슨 같은 사람이 유별나게 특별한 사람이 아니다. 이 시대의 사람들, 특히 지식인은 대체로 그렇게 생각했다. 이 세상 모든 일을 다 안다고. 뒤랑도 다르지 않았다. 뒤랑은 실무 건축가라기보다 이론가이자 교육자로 더 잘 알려진 사람이다. 그가 설

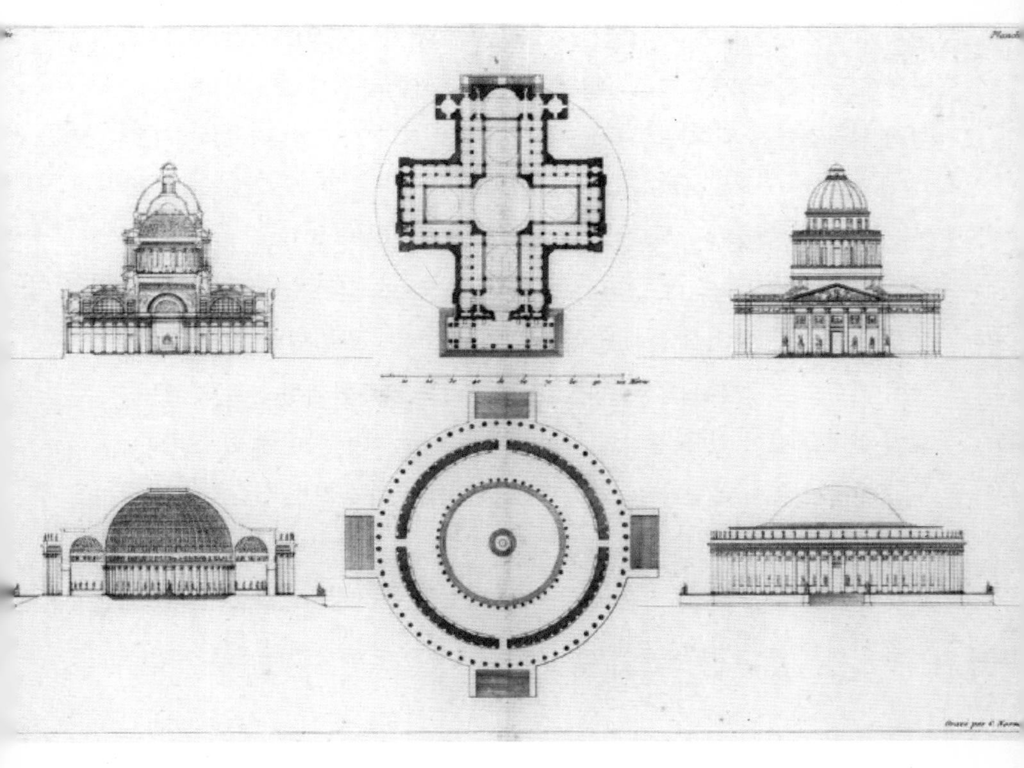

뒤랑이 제안한 파리 판테온 평면도

계해 지어진 건물 가운데 현존하는 것은 거의 없다. 하지만 그의 건축 이론을 살펴볼 수 있는 가상 프로젝트가 있다. 파리 판테온이다.

1816년 뒤랑은 파리 판테온의 재축을 제안한다. 기존 파리 판테온이 루이 15세의 묘소로 사용되고 있던 것이 마음에 들지 않았던 모양이다.

파리 판테온을 새로 짓고 거기에 프랑스 대혁명 열사를 모시자는 게 그의 주장이었다. 일단 가장 중요하고 화려하고 성대한 건물을 헌정하려는 대상이 달라졌다는 것이 관심을 끈다. 기독교의 하나님도 아니고, 루이 15세 같은 왕은 더더욱 아니다. 그냥 일반 시민이다.

건축적인 부분으로 관심을 돌려보자. 일단 형태는 이렇다. 평면적으로 보자면 커다란 원이다. 그런데 그 원이 세 겹으로 되어 있다. 제일 바깥쪽은 벽이 아닌 줄지어 늘어선 기둥이 경계를 형성하고 있다. 일종의 회랑이 원형으로 구축된 형상이다. 그것보다 안쪽으로 반원형 볼트로 지붕 덮인 실내 공간이 있다. 중심의 원형 공간과 열주 회랑 사이에 있으면서, 두 공간을 연결하고 있다. 가장 안쪽에 원형의 실내 공간이 있다. 평면에서 보이는 특징 중 하나는 사방으로 난 출입구다.

입면에서 보이는 특징은 뭐니 뭐니 해도 둥근 지붕. 바로 돔이다. 그런데 형태를 보니 양옆으로 기다란 데다 랜턴도 첨탑도 없다. 이런 돔이

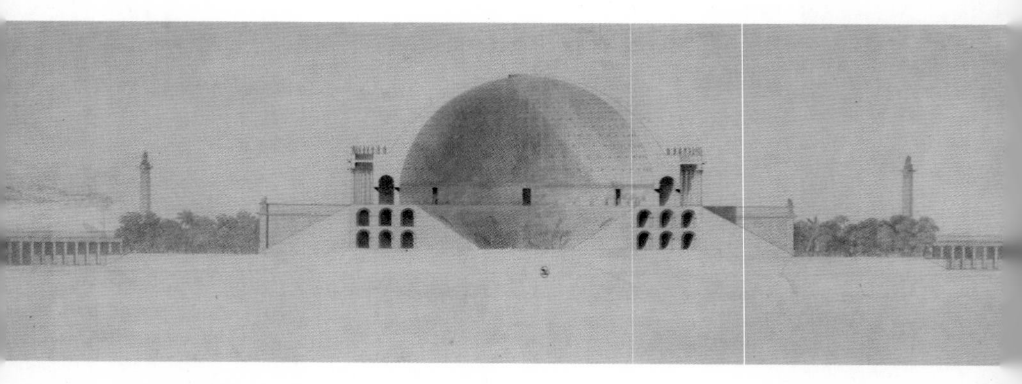

뒤랑이 제안한 파리 판테온 단면도

역사상 처음 나타난 것은 분명 아니다. 그런데 이전 것들과 다른 중요한 차이점은 돔이 밋밋하게 하얀 백지상태로 표현되고 있다는 점이다. 아무런 장식도 없다. 한편, 이 돔 전체가 얇은 재료로 이루어져 있어 빛이 내부로 들어갈 수 있다는 것을 암시하는 것처럼 보이기도 한다. 어쨌든 중요한 것은 돔에 어떠한 장식도 없다는 점이다.

입면에서 압도적으로 보이는 것은 열주들이다. 아마도 이 건물이 지어졌다면 역사상 가장 많은 수의 외부 열주를 가진 건물이 되었을 것이다. 열주는 세로 홈(fluting)이 약하게 장식이 되어 있다. 주두 또한 장식성이 약한 도릭 양식이다. 주두 상부에 엔타블러처에 해당하는 부재가 얹혀 있다. 엔타블러처에는 약간의 장식이 보이지만 이전 혹은 동시대 건물들에 비교하면 장식이 약한 편이다. 그 위에는 조각상이 올라가 있다.

약간의 상상력을 발휘해 뒤랑의 판테온을 현대인의 눈으로 감상해 보자. 159페이지의 평면도를 보자. 네 방향에서 접근할 수 있다. 네 곳 모

뒤랑이 제안한 파리 판테온 입면도

두 계단이 설치되어 있다. 계단 높이는 웬만한 건물의 1층 높이를 넘어간다. 높은 단 위에 건물 본체를 올려놓은 방식을 택한 데서 그 의도를 쉽게 읽을 수 있다. 이 건물의 주인에게 권위와 위엄을 부여하고 싶어 한다는 것을 알 수 있다.

세 개의 동심원 중 가장 바깥 회랑은 열주랑(列柱廊)이다. 줄지어 늘어선 기둥들이 내외부의 영역을 구분하고 있다. 하지만 물론 시야는 트여 있다. 이런 열주랑의 기능은 무엇일까? 몇 번 반복해서 언급한 방법인데, 이럴 땐 열주랑을 대체할 만한 다른 무엇인가가 있다고 상상해 보면, 현재 상태의 기능과 의미를 알 수 있다. 열주랑 대신에 벽체가 자리 잡았다고 생각해 보자. 보기에 답답할 것이다. 그리고 그 건물 내부에 무엇이 있는지 짐작하기 힘들다. 벽체는 시야를 막을 뿐만 아니라 진입 자체를 불가능하게 한다. 배타적이다. 보는 이의 눈을 가리고, 접근은 제한한다.

이제 열주랑의 기능을 알 수 있다. 꽉 막힌 벽으론 실현할 수 없는 기능을 상상할 수 있게 되었다. 내부를 살짝 보여준다. 시선을 열어주고 접근을 허용한다. 하지만 일정 수준 이상의 접근을 위해서는 일정한 절차를 거쳐야 한다. 사실 별다른 게 아니다. 별도 출입문을 통해 정해진 곳으로, 정해진 방식으로 들어가야 한다는 얘기다.

열주랑은 건물 사용자를 환영하는 분위기를 연출한다. 꽉 막힌 벽과 비교하면 확실히 그렇다. 한편, 거대한 스케일로 줄지어 늘어선 기둥은 그리스 신전을 상상하게 한다. 이는 그리스 신전이 사용자에게 주는 그런 인상을 똑같이 만들어 전달한다는 뜻이다. 권위와 위엄이 부여된다.

열주랑을 거쳐 더 들어가면 볼트로 구성된 내부 공간을 만나게 된다.

진입 방향으로의 길이 동심원 사이의 좁은 공간을 따라 돌아가게 되어 있다. 이렇게 함으로써 가장 중요한 중심 공간에 다다르는 거리가 길어지게 된다. 아마도 이곳에는 뒤랑이 주장했던 대로 혁명 열사의 명단이 전시되었을 것이다. 바깥쪽 동심원은 벽체로, 안쪽 동심원은 기둥 열로 구축된다. 바깥쪽 벽체 상부에 고측창이 설치되었다. 이곳으로 빛이 스며들게 하고, 혁명 열사의 이름을 벽체에 새겼을 것이다.

내부 열주랑은 외부 열주랑의 반복이라는 것을 경험적으로 알 수 있다. 외부에서 본 열주랑의 기억은 내부 열주랑 안에 펼쳐질 광경을 더욱 기대하게 만든다. 이때도 마찬가지, 뒤랑의 제안대로 외부에서 열주랑을 한 번 경험한 뒤에 내부 주랑을 마주할 때와 그렇지 않을 때를 상상으로 비교해 보면 이 내부 열주랑의 효과를 알 수 있다.

이제 두 개의 문을 거쳐 들어간 공간이 된다. 두 번 열고 들어간다는 설명이 잘 와닿지 않는다면 내부에 열주랑을 하나 더 두었다고 상상해 보자. 첫 번째 열주랑을 뚫고 두 번째 열주랑으로, 또다시 그것을 뚫고 세 번째 열주랑 안으로 들어간다. 점차 내부로 들어간다는 느낌을 강하게 해준다. 뒤랑 계획안의 내부에서 만나는 두 번째 열주랑은 그런 기능을 한다. 좀 더 깊숙하고, 은밀한 공간으로 들어간다는 느낌. 바깥이 속세의 현실이라고 생각한다면, 그것으로부터 좀 더 멀어지는 감각을 만들어낸다. 파리 노트르담 대성당에서 본 포치와 같은 역할이다.

열주랑 두 개를 뚫고 들어와서야 돔 아래 내부 원형 공간에 도달하게 된다. 원형 공간의 중심에는 일종의 제단이 자리한다. 바로 그 상부에는 천창이 하늘을 향해 열려 있다. 제단이 속세로부터 멀어진 깊은 곳에 자리 잡으면서 하늘과 직접 맞닿는 곳이라는 것을 알려준다. 이 정도면 다음 장면을 예측하고 상상해 보기가 어렵지 않다. 그 자리에 혁명 열사를 상징하는 그 무엇인가가 놓였을 것이다.

뒤랑의 판테온은 지어지지 않았다. 일부 사람들은 뒤랑의 제안에 공감했지만 프로젝트를 성사시키기에는 역부족이었다. 뒤랑의 설계안에 제기된 반대의 근거는 네 가지였다. 첫 번째, 구조적으로 불가능하다. 뒤랑의 얇고도 광대한 돔이 실현되기 어려울 것으로 보았다. 두 번째, 경제적인 이유다. 그것을 지을 재정적 여력이 당시 프랑스 정부에는 없었다. 세 번째, 뒤랑의 제안이 파리 판테온을 재건축하자는 것이었음을 상기할 필요가 있다. 다시 말해서 당시(지금도 현존하는) 판테온을 대체하자는 얘기인데, 이런 일엔 거부감이 들기 마련이다. 네 번째, 프랑스 대혁명의 의의에 모두가 공감하는 것은 아니었다.

이런 이유로 뒤랑의 판테온 재건축 안은 실현되지 않았지만, 현대에 들어 그의 제안이 재고되고 있다고 한다. 가장 중요한 변화는 프랑스 대혁명의 의의에 대한 사람들의 생각이 달라졌다는 점이다. 대혁명은 현대에 와서 프랑스가 가장 자랑할 만한 것이 되었다. 뒤랑의 제안이 나왔을 당시, 프랑스 대혁명은 적어도 현대(지금)보다는 그 의미가 크지 않았다. 당대의 혁명 열사에게 뒤랑의 제안과 같은 판테온은 과분한 것이었지만, 이제는 그리 생각하지 않는 모양이다. 뒤랑의 제안을 발목 잡았던 나머지 이유들도 상황이 달라졌다. 건축 기술이 발달해 그의 둥근 지붕은 구조적으로 가능해졌다. 경제적인 여건도 마찬가지. 마음만 먹는다면 프랑스 정부가 그 정도 재원을 마련하지 못할까? 아마 전 세계에서 기부금을 받아

짓는 방법도 가능하지 않겠는가. 이 지구촌에서 프랑스 대혁명은 대단히 가치 있는 사건으로 평가되고 있으니 말이다.

뒤랑의 제안이 있은 지 2백 년이 지난 지금 다시 그 안이 재론되고 있지만 어쨌든 당시에 지어지진 못했다. 지어지지 않았으니, 당대나 지금이나 달라진 것도 당연히 없다. 과거에도 도면을 통해서만 보던 것이고, 도면이 달라지지 않았으니, 그때나 지금이나 사람들이 보는 것은 동일하다. 물론 보이는 대상이 그렇다는 것이다. 대상이 동일해도 사람들은 다른 것을 보고 또 다른 가치를 부여한다는 점을 다시 떠올려보자.

같은 도면을 당대인과 현대인이 본다. 그래도 우리가 보는 것은 당대 사람들이 보는 것과 다를 것이다. 누구는 손을 보고, 누구는 손목에 채워진 명품 시계를 보는 것과 같다. 보는 것은 보는 이의 과거 지식과 경험 그리고 선호에 영향받는다. 우리 눈에는 별것 아닌 듯해도 당대인들의 눈에는 색다르게 비쳤을 수도 있다.

앞의 언급처럼, 독특하다고 여겨지는 것들은 모두 우선 비슷한 것으로부터 시작한다. 전에 보았던 무엇과 비슷하면, '어, 저건 이런 것 아냐?'로 시작할 수 있다. 만약 그것이 전에 봤던 것과 비슷한 정도가 아니라 똑같은 것이라면 흥미는 거기서 끝이 난다. '어, 비슷한데'로 시작해서 자세히 보니 '좀 다르네'로 나아가야 흥미가 이어진다.

당대인들은 원형 평면과 그 상부에 돔을 얹은 건물을 뒤랑의 제안과 비슷하다고 생각했을 것이다. 앵발리드(Hôtel national des Invalides)나 당연히 파리 판테온이 그렇다. 하지만 이들 건물은 내부 평면은 원형이지만 외부에서는 전혀 원형이라는 것을 알기 어렵다. 그래서 비슷하기는 하지만 같은 범주로 묶기는 어렵다. 이에 반해 아주 유사한 건물이 있다. 로마 판테온이다. 이 건물은 외부에서 봤을 때도 평면이 원형이라는 것을 알 수 있다. 그런데 당대인 모두가 로마 판테온을 알고 있었을까? 로마에 있는 것이니 당대 파리 사람들이 봤을 가능성은 매우 낮다. 일부 부유한 계층에서 이탈리아 여행이 유행했기도 했지만,[72] 그 역시 일부다. 그렇다면 당연히 뒤랑의 제안을 보면서 로마 판테온을 떠올렸을 것 같지도 않다.

○ 파리 판테온
○ 앵발리드

하지만 일부 지식층의 여행 열풍이 그저 한 사람의 경험으로 끝나지는 않았다. 적지 않은 사람이 로마를 방문했고, 자신이 본 것들을 기록해 출판했다. 당시 이 같은 활동이 유행했는데, 수많은 건물 중 사람들의 관심을 많이 끈 것은 로마 판테온이었다. 많은 이가 로마 판테온의 도판을 제작했고, 이는 유럽 전역에 널리 퍼졌다. 비록 로마 땅을 밟지 않았던, 그래서 직접 본 적이 없는 사람도 로마 판테온에 익숙했다.

뒤랑의 파리 판테온 제안을 접했을 때, 사람들은 본 적이 있는 비슷한 건물로 앵발리드나 파리 판테온 혹은 로마 판테온을 떠 올렸을 것이다. 그러고는 곧 '어, 이게 좀 다른데'라는 생각을 하게 되었을 것이다. 그것들을 살펴보자.

우선 출입구다. 로마 판테온이나 파리 판테온, 앵발리드 모두 출입구가 하나다. 반면, 파리 판테온 제안에서는 네 개의 출입구가 확인된다. 번거롭지만 다시 159페이지를 보자. 현대인도 네 개의 출입구를 보지만 그리 특별해할 것도 없다. 하지만 당대인들의 눈에 이 출입구는 특별하게 각인될 수밖에 없는 충격적인 광경이다. 한 번도 본 적이 없기에 그렇다. 당대인들의 눈에 더욱 특징적인 것은 이전 사례에서 원형 본체에 출입 용도로 사용되는 직사각형 공간을 덧붙였던 데 비해, 파리 판테온에는 그런 것이 없기 때문이다.

현대인에게 뒤랑의 파리 판테온은 네 개의 주 출입구가 있는 건물이다. 네 개의 정면이 있는 건물이다. 하지만 당대인들에게는 주 정면이 없는 건물이다. 같은 것을 보지만 다르게 본다. 주된 정면이 없는 공간 구성은 특별한 기능을 한다. 이는 파리 판테온의 용도에 잘 어울린다. 상상을 통해 비교하는 방법으로 이 특별한 기능에 대해 알아보자.

판테온과 같은 원형은 원탁의 기사를 연상시키지 않는가? 왕은 기사를 모아놓고, 그 누구도 동등하다고 주장한다. 이를 그럴듯하게 보여주는 것이 원탁이다. 원탁에 둘러앉은 왕과 기사들 사이에는 위계란 없다. 이런 위계 없음을 이해하기 쉽지 않다면 긴 직사각형 탁자에 둘러앉은 광경을 생각해 보면 단번에 이해된다. 직사각형의 네 변에는 위계가 있다. 짧은 변이 높은 자리, 긴 변이 낮은 자리가 된다. 지위가 가장 높은 사람이 짧은 변 두 개 중 어느 하나를 차지하면, 그에 가까울수록 지위가 높고, 멀어질수록 지위가 낮은 사람이 된다.

원탁은 차별을 제거하는 기능을 한다. 그런데 원탁을 방에 설치했다고 상상해 보자. 방에 문이 있다. 문을 통해 들어와 원탁에 앉는다면 자리에도 차별이 생긴다. 문에 가까울수록 낮은 사람이, 멀수록 자리가 높은 사람이 앉을 것이다. 애써 원탁을 설치했는데 무용지물이 되게 생겼다. 방법이 없을까? 있다. 원형 방을 만들면 일단은 해결이 된다. 하지만 원형 방에도 문은 있어야 한다. 문을 다는 순간, 원탁 자리에 서열이 생긴다. 방법이 없을까? 문을 네 군데 정도 만들면 된다. 파리 판테온의 형상은 원형이어서 내부 공간에 차별이 생기지 않는다. 하지만 출입구를 다는 순간 원형 공간에도 차별이 생긴다. 파리 판테온의 출입구는 이런 위계의 발생을 방지한다.

실제 파리 판테온이 루이 15세의 묘소로 사용된다고 생각해 보자. 다른 인물도 함께 모셔둘 수야 있지만 주인공은 여전히 루이 15세 한 명뿐이다. 이 한 명을 특별 대우해야 한다. 이러면 당연히 주 출입구를 하나 두는 것이 맞다. 그런데 뒤랑이 생각한 판테온에는 수많은 혁명 열사를 모셔야 한다. 이들 간 신분 고하, 우열은 없어야 한다. 기왕에 위치로 인한 차별이 없도록 하기 위해 도입한 원형이 제 역할을 하려면 출입구가 없어야 한다. 그런데 출입구가 없다면 건물 본연의 기능을 할 수 없게 된다. 그러자면 방법은 출입구를 여러 군데 분산 배치해 그로 인한 차별을 희석하는 방법밖에 없다.

워낙 평등에 익숙해진 현대인들에게는 네 개의 출입구가 무엇을 의미하는지 알기 어렵다. 또한 뒤랑 판테온이 누구를 기념하고자 했는지 모른다면 더욱 그렇다. 하지만 당대인들에게 신분 차별은 매우 민감한 주제였고, 프랑스 대혁명이 일어난 지 그리 오래되지 않았기에 그에 관해 모르는 사람이 없었을 것이다. 이 네 개의 출입구에서 뒤랑의 파리 판테온에 담긴 역사적 의의가 드러난다.

이제부터는 뒤랑의 설계 과정에 초점을 맞추어 보자. 뒤랑은 건축설계 방법론을 제시한 것으로 유명하다. 설계 방법론을 제시했다는 사실이 어떤 의미에서 중요한 것인지 의아할 수 있다. 현대에는 넘쳐나는 게 설계 방법론이니 그렇다. 하지만 최초라는 점이 중요하다.

뒤랑 이전에 설계 방법론이 전혀 없던 것은 아니다. 대표 사례를 꼽자면 택시스(taxis)가 있다. 그리스어에 그 뿌리를 둔 택시스는 부대 단위 혹은 배열을 의미하기도 한다. 다양한 의미를 내포하고 있지만 뭉뚱그려 요약하면 하나의 덩어리로 뭔가를 질서 있게 배열한다는 뜻이다.[73]

건축설계에서 택시스라는 단어는 여러 건물을 부지 위에 질서 있게 배열할 때 쓰인다. 여기서 주목할 것은 택시스라는 용어가 지닌 부대 단

위의 의미다. 부대는 군대와 같은 뜻으로 사용되는데, 이런 부대 단위는 이미 이러저러하게 결정된 단위다. 부대를 배치할 때, 주변 지형 지세에 맞춰 이미 결정된 대형을 배열한다. 설계 때도 마찬가지다. 이런 점을 생각하면 택시스의 의미를 더 잘 알 수 있다. 이미 결정된 대형을 상황에 적용한다는 의미 말이다. 이런 방식으로 해석할 수 있는 또 다른 근거는 택시스가 가진 '탈장 복원술'이라는 의미다. 장이 탈장했을 때 제자리로 돌려주는 치료법을 택시스라고 한다. 택시스를 사용해 설계한다는 것은 본연의 것, 원래 자리를 현장 상황에 맞게 되찾는 것을 의미한다.

뒤랑은 택시스와 달리 가로세로 격자를 의미하는 그리드를 사용했다. 이 그리드는 원래부터 정해진 것과는 무관하다. 무엇이든 덧붙일 수 있다. 뒤랑은 하나의 중심 공간에서 시작해서 연관된 공간을 그리드 안에서 붙여나가는 설계 방법론을 제시했다. 단위 공간을 서로 연관되도록 이어 붙이는 이러한 과정에 컴포지션(composition)이라는 이름을 붙였다.[74] 이런 컴포지션을 어떻게 설명하는지가 중요하다. 뒤랑은 '모든 프로젝트에서 따라야 할 절차'라고 부연하고 있다. 여기서 방점은 '모든'에 있다.

이제 다시 과거의 방법으로 돌아가 보자. 과거의 설계에 컴포지션이라는 과정은 없다. 왜? 굳이 되풀이해서 설명하지 않아도 많은 독자가 답을 이미 알고 있을 것이다. 과거의 설계에서는 컴포지션이 당연히 필요 없다. 여러 단위 공간의 위치적 관계, 즉 컴포지션이 목적하고 있는 상태가 이미 따라야 할 모범적 사례, 즉 전범으로 제시되고 있기 때문이다.

이제껏 필요 없던 컴포지션이 갑자기 필요해졌다. 바꾸어 말하면 전범이 없다는 얘기가 된다. 뒤랑의 시대에는 지금까지 없던 기능을 수행할

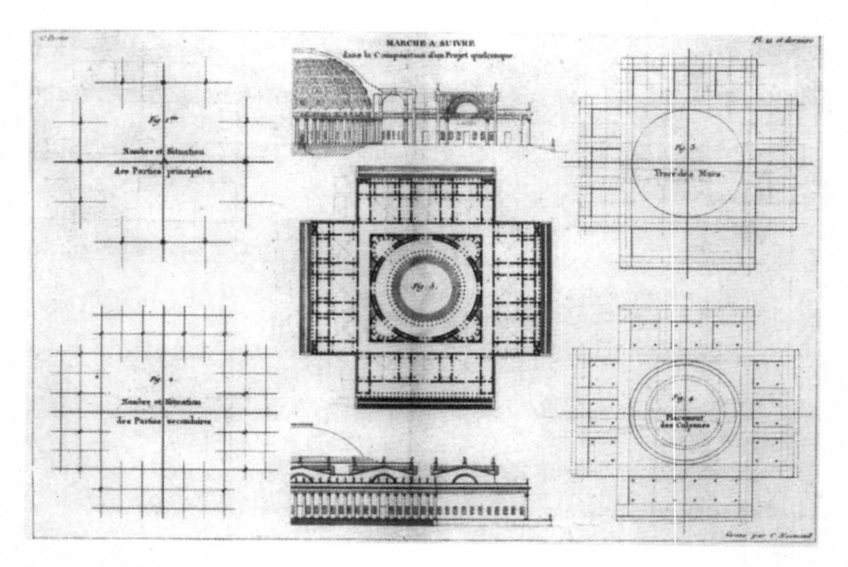

뒤랑의 설계 프로세스: 모든 프로젝트의 컴포지션에서 따라야 할 절차[75]

건물이 필요해졌기 때문이다. 대학·전시관·철도역 등등. 전에 없던 기능(용도)이니 이들을 위한 본보기도 당연히 없다. 그러니 단위 공간들을 특별한 관계로 묶는 컴포지션이 자연히 필요해진다. 컴포지션을 잘할 방법이 있으면 좋았을 것이다. 뒤랑은 이런 방법을 제안했다.[76] 위의 그림을 보자. 모든 설계 과정에 필수적으로 따라야 할 방법이라는 설명을 덧붙였다. 뒤랑은 모든 건축설계에 적용 가능한 방법론을 제시한 것이다. 범용 설계 방법론을 주장했다는 면에서 본다면 뒤랑은 역사상 최초의 건축가다.

뒤랑의 네 출입구는 자신의 컴포지션 방법론을 사용한 사례다. 우선 그리드를 준비한다. 그의 그리드는 개념적인 것이지만, 실제로도 모눈종이를 사용했다. 가로·세로의 격자 선이 그려진 모눈종이는 컴포지션의 발전 방향을 결정한다. 이렇게 말하니 복잡해 보이지만, 실제로는 간단하다. 하나의 중심 공간으로부터 공간을 덧붙여 나갈 때 모눈종이가 제시하는 수직·수평선을 따라간다는 얘기다. 모눈종이의 가로·세로 선과 어긋나는 어슷한 각도는 배제한다.

뒤랑은 파리 판테온 제안 설계에서 주 중심 공간을 원형으로 배치한다. 모눈종이의 선을 따라 수직선과 수평선 축을 긋는다. 그 선을 따라 동심원을 둔다. 여기까지가 공간 배치다. 그다음은 구조 축을 사용한다. 구조 축선을 따라서 벽체와 출입구 위치가 결정된다. 파리 판테온에서는 가로세로로 구성된 공간 배치 축에 구조 축이 겹쳐 있다. 그 구조 축상에 출입구와 계단을 둔다. 이런 과정을 거쳐 파리 판테온은 그 모습을 구체적으로 드러낸다.

뒤랑이 제시한 방법론에 따라 이 세상에 없던 기능을 수용하는 공간이 탄생한다. 파리 판테온처럼 수많은 이름 없는(유명하지 않은) 사람을 기념하기 위한 공간은 없었다는 것을 상기해야 한다. 새롭게 탄생한 공간, 그리고 어느 한 사람만을 최고로 중요한 위치에 두지 않는 공간 구조, 그래서 수많은 혁명 열사가 모두 중요해지는 그런 공간의 탄생을 당대인들은 보았을 것이다. 현대인의 눈에는 너무나 익숙해서 보이지 않는 것들이다.

칸트의 순수이성비판에 영향받은 뒤랑

여기서 궁금증 하나가 떠오른다. 이전 사람들과 달리 뒤랑은 왜 언제 어디서나 적용 가능한 방법론을 제시할 수 있다고 믿었을까? 또 어째서 그런 것이 필요하다고 생각했을까? 다시 한번 더 강조하자. 뒤랑 이전까지는 이 같은 시도가 없었다. 단 한 번 사용되는 방법을 제시했다. 바꾸어 표현하자면 하나의 특정 부지 위에 세워지는 하나의 특정 건물 설계안을 제시했을 뿐이다.

여기서 팔라디오의 9분할법[77]이나, 알베르티의 분석[78] 등을 예로 들어 과거에도 방법론이 제시된 적이 있지 않느냐고 반문할 수도 있다. 하지만 아니다. 이와 같은 연구들은 두 가지를 주장한다.

1) 과거의 방법을 정리하다 보니
   이런 공통점을 가진다는 것을 알게 되었다
2) 과거의 방법이 새 건물을 지을 때도 적용되어야 한다

이렇게 보면 뒤랑의 방법론이 팔라디오, 알베르티, 심지어 비트루비우스의 방법론과 다를 바가 없어 보인다. 하지만 분명 다르다. 뒤랑 이전의 방법론은 같은 유형의 건물에만 적용된다. 비트루비우스가 정리한 그리스 신전의 구성 규칙은 신전에만 적용될 뿐이다. 마찬가지로 팔라디오의 방법론 또한 특정 유형에만 적용된다. 건축설계 전반에 적용되는 일반화된 방법론으로 제시된 사례는 없었다. 이 지점에서 뒤랑의 의의가 드러

난다. 설계는 이렇게, 저렇게 해야 한다고, 즉 특정한 방법을 따라야 한다고 주장한 것은 뒤랑이 최초다.

다시 왜?로 돌아가자. 가장 빠른 길은 라플라스의 악마다. 뉴턴이라는 밀레니엄 스타가 등장한 이후 물체의 운동과 변화는 특정한 규칙으로 포착된다. 물체는 일반 명사다. 고유명사가 아니다. 이 말은 즉 우리 눈에 보이는 모든 물체에 공통 적용되는 규칙이라는 뜻이다. 뉴턴과 화학자들이 물체의 운동과 변화를 규칙으로 정리한 이후, 사람들은 특정 조건에서 특정 운동과 변화가 발생한다는 것을 알게 되었다. 그리하여 물체를 둘러싼 특정 조건을 정밀하게 측정한다면 모든 물체의 운동과 변화를 '예측'할 수 있다는 라플라스의 악마가 탄생한다. 뒤랑의 설계 방법론은 건축설계 분야에서 나타난 라플라스의 악마다.

뒤랑에게서 발견되는 라플라스의 악마는 특별하다. 이전의 악마는 물체의 세계에서만 살았는데, 뒤랑의 악마는 인간 세계에 자리를 잡았기 때문이다. 어쩌다 물체의 세계에 살던 라플라스의 악마가 인간 세계로 들어오게 되었을까? 누가 문을 열어주었을까? 이를 위해서는 임마누엘 칸트를 들여다볼 필요가 있다.

중세의 어둠을 뚫고 계몽 시대의 문을 활짝 열어젖힌 사람은 뉴턴이다. 수많은 거인이 나타났다. 데카르트라는, 베이컨이라는 거인도 있었다. 이들의 어깨 위에서 뉴턴은 인류 역사상 전례 없는 과학적 발견을 이루어냈다. 신의 소관으로 여겨지던 많은 일을 인간이 할 수 있게 되었고 그것을 믿게 되었다. 그 끝은 라플라스의 악마로 이어졌다.

인간 이성의 위대함은 아마도 반성이 아닐까? 이성을 통해 생각할 수 있는 능력을 다시금 부여받은 인간이 자신의 이성에 대해 의심하기 시작했다. 데이비드 흄과 칸트가 등장한다. 이성의 한계를 지적한다. 우선 흄. 경험주의를 극단적으로 추구하면 상대주의에 빠질 수밖에 없음을 논증한다.[79] 절대적인 과학적 지식을 생산하는 경험론이 과학을 배신하는 모순을 드러냈다. 흄에게 자극받은 칸트가 한발 더 나아간다.

칸트에 따르면 이성(순수이성)의 한계는 인간의 감각 수용이 지닌 구조적 한계와 감각을 처리하는 프로세스의 구조적 한계로 인해 물체 자체를 있는 그대로 인식할 수 없다고 주장한다.[80] 다시 말해 인간의 감각 수용이 허용하는 한도 그리고 감각을 처리하는 프로세스의 구조가 허용하는 한도 내에서만 물체를 인식할 수 있다는 뜻이다. 인간이 가진 생각하는 능력에 대한 비판이다. 그래서 그의 책 이름이 『순수이성비판』이 된다. 책 이름은 그렇지만, 인간의 이성을 한정된 범위로 제한하기만 한다면, 반대로 인간의 이성은 완벽하다고도 읽을 수 있다.

판단력 또한 비판 대상이 된다. 순수이성이라는 개념만으로는 설명하기 어려운 인간의 사고 영역이 칸트의 눈에 포착됐다. 미적 판단 부분이다. 여기서도 미적 판단의 한계를 지적하고 비판한다. 하지만 『순수이성비판』에서와 마찬가지로 한계를 넘어서지 않는 부분에서는 모든 인간이 공유하는 미적 가치 판단 능력이 있다고 한다.[81] 판단력을 비판한다고 했지만, 반대로 읽으면 이 역시 판단력 보증이다. 이 보증서에서는 '커먼센스(Common Sense)'가 기재되어 있다.

그가 말하는 커먼 센스에 초점을 맞추어 칸트를 조금만 더 살펴보자. 그는 『순수이성비판』에서 마음의 구조를 설명한다. 칸트는 미적 판단에도 동일하게 이 마음의 구조가 작동한다고 했다. 마음의 구조는 모든 인간이 갖추고 있다. 판단력 비판에서 말하는 커먼 센스에서 센스가 커먼할 수 있는 이유가 바로 여기에 있다. 모든 인간 마음의 구조가 동일하기 때문이란다.

얘기가 조금 길어진 듯한 느낌이다. 하지만 그 덕에 이제 뒤랑이 거론될 수 있다. 뒤랑이 제시한 방법론의 바탕에는 칸트의 판단력 비판(반대로 읽으면 판단력 보증)이 있다. 칸트의 커먼 센스를 건축설계에 적용하면 뒤랑의 설계 방법론이 탄생한다. 라플라스의 악마가 물체의 세계에서 인간 사회로 넘어오는 순간이다.

로마 판테온 이후 우리가 살펴본 건물의 당대적 특징을 형성하는 데 언제나 플라톤이 있었다. 플라톤의 이데아가 일자의 형식으로, 그리고 기독교 하나님의 모습으로 유지되고 있었기 때문이다. 뒤랑의 시대에도 기독교의 신은 여전히 인간 사고의 많은 부분을 지배했다. 하지만 적어도 건축설계 원리라는 측면에서 보자면 하나님의 자리에 과학이 슬며시 들어왔다. 기독교의 신을 통해 이어지던 플라톤의 예술론은 일견 맥이 끊긴 것처럼 보였다. 더 이상 건축은 이데아를 모방하지 않았기 때문이다. 좀 더 정확히 말하자면 플라톤의 이상적인 형상(ideal form)을 모방하지 않았기 때문이다. 이제 정녕 건축은 플라톤을 잊어도 좋은 것인가?

플라톤의 이데아를 좀 다른 시각으로 보자. 그에게 이데아는 현실이 닮아야 할 이상적인 형상이다. 그런데 이데아가 현실에 작용하는 기능적 측면에서 이데아론을 보자. 그의 이데아는 인간이 경험하거나 상상하는 세상을 이상과 현실로 이분하고, 현실로 하여금 이상을 지향하도록 지시하는 원리로 기능한다. 이제 플라톤의 이데아는 이상적인 형상이 아니라 원리로 이해될 수 있다.

이제 건축설계로 생각의 범위를 좁혀보자. 뒤랑 이전의 건축은 이데아적 형상을 추구했다. 그런데 뒤랑의 시대에는 이데아적 형상을 추구하지 않는다. 아니 그렇게 하지 못한다. 왜? 전례가 없는 용도의 건물을 만들어내야 하기 때문이다. 전례가 없는 용도의 건물에 부합하는 이데아적 형상을 상상할 수 있겠는가?

전례가 없는 용도의 건물을 만들자면 이데아적 형태를 추구하는 방법은 불가능하다. 하지만 용도에 부합하는 기능을 최대화하는 방법은 알고 있다. 이제 플라톤의 이데아 자리에 과학이 알려준 '용도에 부합하는 기능을 최대화하는 방법'을 가져다 놓자. 이데아 자리에 이상적인 형태가 있느냐, '용도에 부합하는 기능을 최대화하는 방법'이 있느냐의 차이일 뿐이다. 현실을 지배하는 이상적 구조의 존재를 인정한다는 측면에서 보자면 뒤랑은 여전히 플라톤식 사고의 연장선 위에 있다.

칸트의 커먼 센스는 이데아적 형상이 아닌 공간 구성 원리를 찾는 도구적 역할을 한다. 플라톤주의자들과 플라톤이 주장하는 것처럼, 완전한 형상이 있고 그 형상을 구현하기 위해 적절한 비례를 적용하는 것과 동일한 방식으로 작동한다. 칸트의 커먼 센스는 완전한 구성 원리가 존재함을 전제할 때, 그 구성 원리를 찾을 수 있게 해준다. '이상적 형태-비례'의 관계는 '이상적 공간 구성 원리-커먼 센스'의 관계로 진화했다.

이제 뒤랑이 쓴 색안경에 대해 말할 수 있고, 그의 색안경에 대해 사람들이 대체로 긍정적이었다는 얘기를 할 수 있다. 뒤랑이 쓴 색안경은 플라톤의 원천 기술을 이용해 칸트가 제작한 커먼 센스였다. 방법론을 제시할 수 있다는 것은 어떤 전제를 필요로 할까? 먼저 어떠한 원칙이 있고, 이를 체계적으로 적용할 수 있으며, 이를 통해 원하는 것을 얻을 수 있다는 것이다.

뒤랑은 근본적으로 원칙을 인정했다. 그 원칙의 존재 가능성은 플라톤의 이데아에 기반했고, 원칙은 인간이 공유하는 커먼 센스로 찾을 수 있다고 믿었다. 뒤랑의 시대에 건축의 추는 플라톤 쪽으로 기울어 있었다. 이제 곧 그 추가 다른 반대편을 향하기 시작한다.

마치 바로크가 르네상스를 추격하던 것처럼.

빅토리아 앨버트 뮤지엄

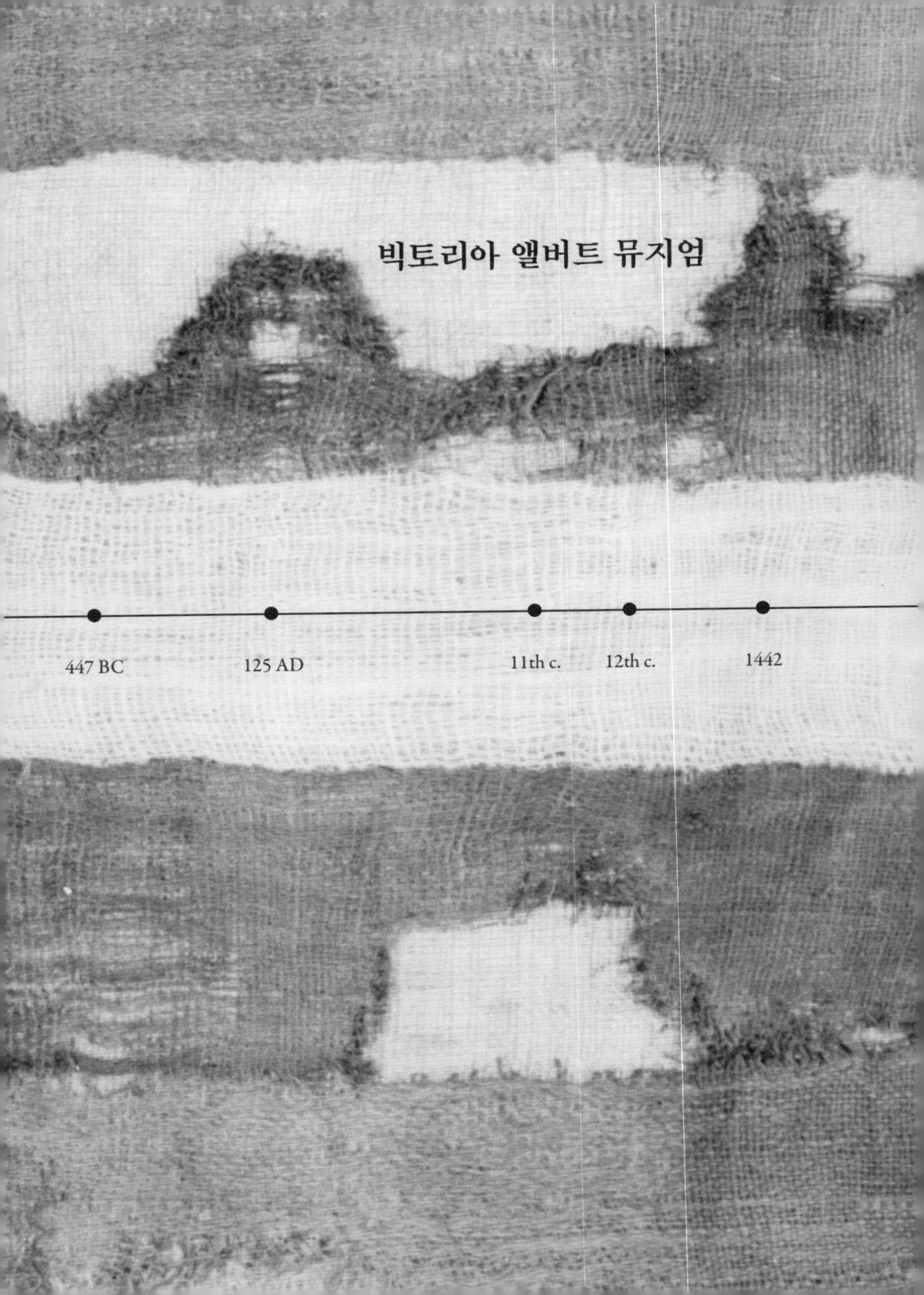

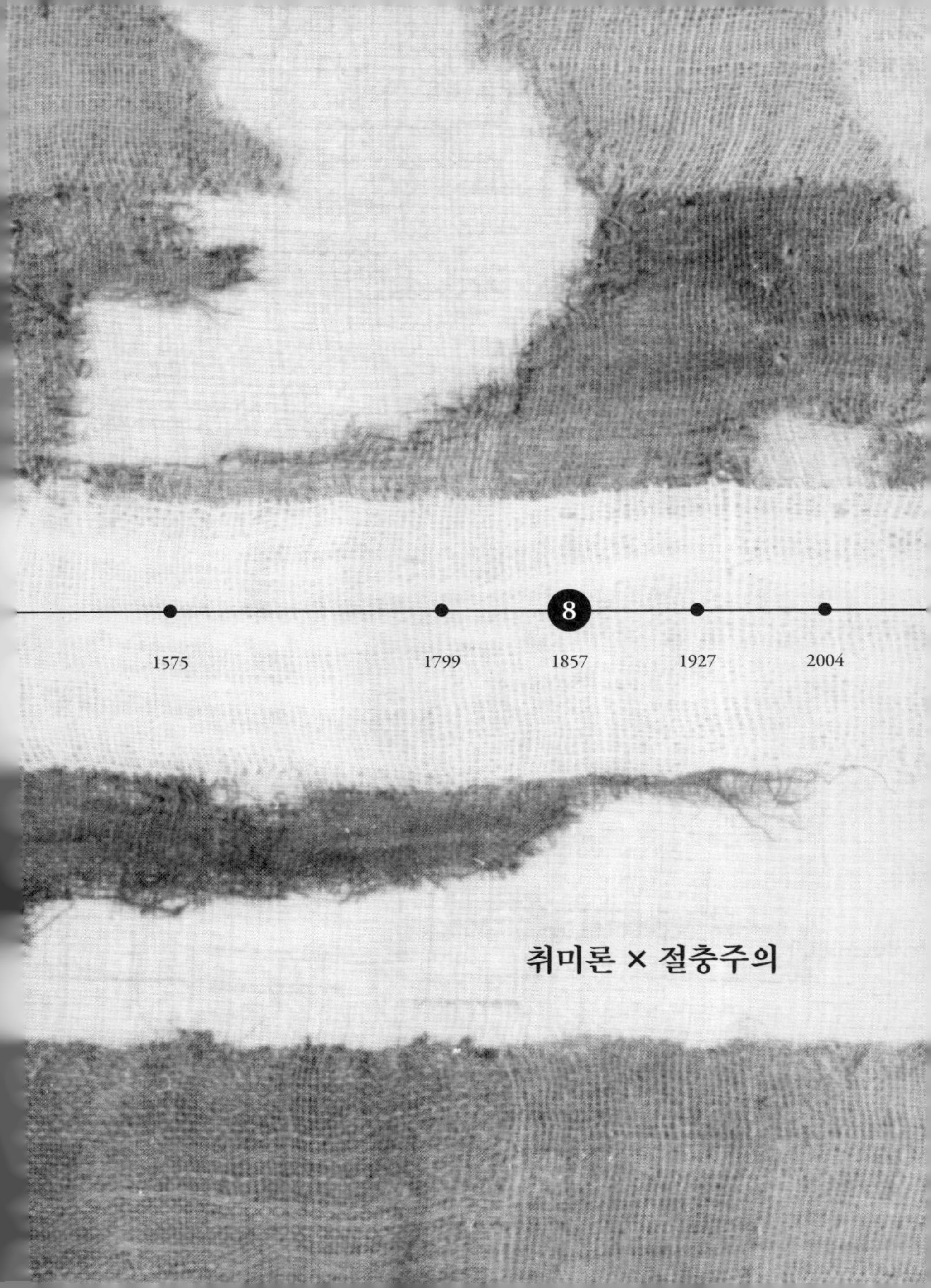

취미론 × 절충주의

이슬람 양식과 영국적인 요소의 만남

눈에 콩깍지가 끼면 세상이 다르게 보인다. 사람도 다르게 보인다. 콩깍지라는 말이 어느 때, 왜 사용되는지 다시 한번 짚어보자. 전혀 예뻐 보일 리가 없는 사람이 예쁘다고 말할 때 그런 말을 쓴다. 콩깍지의 대상이 반드시 사람인 것은 아니다. 때로는 건물이 그 대상이 되기도 한다. 사람과 건물 사이에도 생긴다. 19세기 중반, 이런 일이 일어났다. 그 당대 이전 어느 시기에도 도저히 좋아 보이지 않을 그런 건물을 좋아하는 일이 일어났다. 속내를 들여다보면 고개를 끄덕일 만한 이런저런 이유를 찾을 수 있겠지만 우선 당장은 콩깍지가 씌었다는 말이 제일 적당할 것 같다.

1857년 빅토리아 앨버트 뮤지엄(Victoria and Albert Museum)이 개관했다. 개관 이후 20여 년에 걸쳐 확장이 계속되었고 19세기 말쯤 지금의 모습이 완성된다. 현재 빅토리아 앨버트 뮤지엄은 세계적으로 유명한 장식물 박물관이다. 런던에서 가장 많은 관광객이 찾는 곳이기도 하다.

건물 안을 꽉 채운 전시품에 눈이 팔려 건물에는 관심을 가지지 못하고 휙 지나가기 쉽지만, 잠시라도 머물러 찬찬히 건물을 살펴보면 매우 볼만한 건물이라는 생각을 누구나 하게 된다. 런던의 유명한 그 어떤 역사적인 건물에도 뒤떨어지지 않는다. 웨스트민스터 사원·빅벤·런던탑이든 그 어느 것과 비교해도 좋다.

생김새만이 아니라 규모도 그렇다. 중요 건축물을 거론할 때 크기만으로도 이곳을 빠뜨리기 쉽지 않다는 말이다. 그런데 이상하다. 건축 역사를 다루는 어떤 책에도 빅토리아 앨버트 뮤지엄은 등장하지 않는다. 물론

빅토리아 앨버트 뮤지엄

평범한 관광 안내 책자에는 빠짐없이 등장한다. 여기서 지적하는 것은 소위 건축 전문가들이 가볼 만한 건축으로 꼽는 일은 드물다는 점이다. 외관이나 크기로 보자면 관심을 둘 만한데, 눈길을 주지 않는다. 이상하지 않은가. 바로 이 지점이 이번 장의 주제다. 그 이상함에 대한 답을 찾는 것. 우선 빅토리아 앨버트 뮤지엄의 건축 공간과 형태에 대해 살펴보자.

빅토리아 앨버트 뮤지엄은 하나의 건물이라기보다는 단일 건물이 여럿 모인 집합 건물이다. 다수의 길로 둘러싸인 블록 내부에 중정을 두

엑시비션거리에서 본 입면

고 길에 면하는 건물 여러 개를 이어서 배치한 형상이다.

이 건물은 어느 거리에서 보느냐에 따라 매우 다른 모습을 보여준다. 가장 대표적인 입면은 두 군데다. 하나는 엑시비션거리(Exhibition Road)에서 보는 입면이고, 다른 하나는 중정에서 보는 입면이다.

우선 엑시비션거리에서 보는 주 입면을 살펴보자. 이렇게 소개할 수 있다. 수평으로 긴 2층 건물을 중앙부·좌측·우측의 세 부분으로 나누어 구성했다. 출입구를 설치한 중앙은 양쪽과 달리 높고, 전방으로 돌출시켜 특별하게 처리했다. 형태로나 재료로나 좌우 측과 언뜻 봐도 구분된다. 좌우는 2층 상부에 붉은 벽돌을, 중앙부는 전체에 백색 돌을 사용했다.

중앙 출입구 부분의 가운데에 출입문이 있다. 문은 구멍이다. 구멍을 뚫자면 상부를 보 혹은 아치로 처리해야 한다. 빅토리아 앨버트 뮤지엄에서는 아치를 사용했다. 아치도 종류가 다양하다. 여기서는 반원형 아치를 사용한다. 아치 하부에 문 두 개가 나란히 달려 있다. 문 상부에는 인방을 설치했다. 인방 상부에 반원형의 창도 보인다.

이 입면 형상에 대해 이런저런 설명을 할 수 있지만, 정말 중요한 것은 바로 이거다. 건물 외관을 잘 뜯어보면 어디선가 본 듯한 양식들로 가득하다는 점이다.

정면 중앙 문은 고딕 성당의 문을 본떴다. 여러 겹의 아치를 반복적으로 사용하면서 내부로 함몰되도록 처리한 것이 고딕을 연상시키기에 충분하다. 또한 쌍둥이 문 상부의 유리창은 고딕의 로즈 윈도를 연상시킨다. 고딕 성당의 출입구와 다른 점도 있다. 고딕이나 빅토리아 앨버트 뮤지엄 모두 아치를 사용하고 있지만, 그 종류가 다르다. 고딕 성당의 아치는 첨두형이고, 이곳의 아치는 반원형이다. 반원형 아치는 로마네스크 건축의 트레이드마크다. 로마네스크 건축 양식의 흔적을 엿볼 수 있는 부분이다.

주 출입구 상부에 초승달 모양이 눈길을 끈다. 초승달 모양 하부에 그리스 양식의 엔타블러처가 제법 분명하게 확인된다. 이것을 기준으로 보면 초승달 모양은 일종의 페디먼트다. 그리스 건축에서는 삼각형으로 만들어지지만 여기서는 초승달이다. 초승달 모양의 페디먼트가 빅토리아 앨버트 뮤지엄의 독창적인 고안이라고 생각하면 안 된다. 이런 모양은 바로크 건축에서 흔히 사용되었다. 이 박물관에는 바로크도 있는 셈이다.

초승달 모양의 페디먼트 위쪽에서는 전통적인 영국 성벽을 닮은 형상이 보인다. 그 위로 높이 솟은 타워는 분명 영국의 성에서 흔히 보이는 특징이다. 빅토리아 앨버트 뮤지엄이 차용한 기존 양식 리스트에 영국의 성을 추가해야 한다.

이제 좌우 측으로 가보자. 우선 좌우 측의 중심부에 솟은 돔이 특징적이다. 이 돔은 리브 돔이다. 그러니 고딕 건축 양식이라고 할 수 있다. 돔 하부에 삼각형 페디먼트가 확실하게 보인다. 이건 그리스 양식이다. 페디먼트 좌우의 벽면을 살펴보자. 벽면은 벽돌이지만, 벽면 모서리에 일정한 간격으로 돌을 박아 놓았다. 수평 적층을 강조한다. 여기서는 르네상스 스타일이 보인다.

이제 중정 쪽 외관을 살펴보자. 층마다 코니스를 설치해서 수평성을 강조했다. 이런 면에서 볼 때 특히 1층이 돋보인다. 벽면에 수평으로 기다랗게 돋움을 만들었다. 르네상스 양식에서 주로 사용되는 러스티케이션(rustication)의 느낌이라고 해도 무리가 전혀 없다. 엑시비션거리에서 보이는 입면보다 르네상스 스타일이 더 확연하고 강하게 느껴진다. 그렇게 만드는 요인 중 하나가 페디먼트를 받치고 있는 엔타블러처 하부를 장식하고 있는 조이스트(joist)들이다. 상부에서 하부보다 돌출되는 구조물을 떠받치기 위해 주로 사용되는 이런 구조는 르네상스 양식의 독특한 특징이다. 이 모양을 흉내 내니 르네상스풍이 강하게 느껴진다. 두 개의 기둥이 쌍을 이루면서 반쯤 벽에 묻힌 사각기둥은 틀림없는 바로크 양식이다.

중정에서 바라본 입면

입면에서 시선을 강하게 끌어당기는 돔은 반원형이다. 이 돔은 로마네스크 양식 혹은 고대 로마풍인 것 같다.

빅토리아 앨버트 뮤지엄 외관에는 서양 건축의 모든 양식이 골고루 들어가 있다. 원형에 약간씩 변형이 있지만 되도록 그대로를 가져와 솔직하게 사용한다. 외부에서 바라보는 형태 얘기는 여기서 멈추자. 내부로 들어가 공간을 살펴볼 차례다.

우선 콘크리트 볼트를 이용한 내부를 보자. 아래 사진을 보면 누구라도 이슬람 양식이라는 것을 알게 된다. 가장 큰 특징은 아라베스크 문양을 사용했다는 점이다. 중세 후반, 유럽의 성당에서는 성상을 비롯하여 인간을 포함한 동식물 모양을 자유롭게 사용했다. 구상적 표현의 현실적 필요성, 글을 모르는 보통 사람들에게 성서 내용을 그림과 조각으로 전달하기 위해서다. 물론 중세 초기에는 이런 것들이 엄격하게 금지되었다. 이유는 당연히 무엇을 표현했는지 알 수 있을 정도로 구상적인 조각과 회화는 곧바로 우상 숭배의 혐의를 받을 수 있기 때문이다.

반면, 이슬람 문화권에서는 시기를 막론하고 엄격하게 금지되었다. 하지만 그들도 일정 정도의 장식은 필요했을 것이다. 그래서 이슬람 문화권에서는 실존하는 동식물을 직접적으로 연상시키지 않는 형태들로 장식했다.[82] 대표적인 사례는 기하학 문양이다. 기하학 문양은 이 땅에 존재하는 그 어떤 동식물도 곧바로 떠오르게 하지 않는다. 이렇다면 우상 숭배 혐의에서 자유로울 수 있다. 이 같은 맥락에서 발전한 이슬람의 장식이 빅토리아 앨버트 뮤지엄에서 발견된다. 이제 빅토리아 앨버트 뮤지엄이 가져다 쓴 과거 양식의 목록에 이슬람 양식을 추가해야 한다.

내부를 좀 더 자세히 들여다보자. 펜던티브 돔이 보인다. 비잔틴 양식이라고 볼 수도 있지만 바로크에서 사용되는 돔 양식이라고 봐도 무방하다. 아직 빅토리아 앨버트 뮤지엄이 차용하는 과거 양식 리스트에 비잔틴을 추가하기는 어렵다.

볼트 하부의 주두를 세심하게 살펴보자. 주두가 이중으로 되어 있는 것을 볼 수 있다. 윗부분을 주두, 아랫부분을 부주두라고 부른다. 주두가

이슬람 양식이 보이는 내부
이중 주두

위아래 두 개로 사용되는 것은 분명한 비잔틴 양식이다.[83] 이제는 빅토리아 앨버트 뮤지엄의 양식 리스트에 비잔틴 양식을 추가해도 된다.

빅토리아 앨버트 뮤지엄 감상을 한마디로 요약하면 이렇다. 빅토리아 앨버트 뮤지엄에서는 지역적으로는 유럽과 중동을, 시간상으로는 고대 그리스부터 바로크에 이르기까지 모든 건축 양식을 발견하는 재미를 느낄 수 있다. 이제 필요한 질문은 다음과 같다. 그래서 좋은 건축 혹은 훌륭한 건축이 되었는가?

빅토리아 앨버트 뮤지엄은 1857년에 지어지기 시작해서 1890년경에 완공되었다. 시기적으로 그리 오래되지 않았기에 지어질 당시와 지금 모습은 별다른 차이가 없다. 적어도 지금까지의 설명에서는 분명 그렇다. 지금 보이는 모습이 바로 당대 모습이라고 해도 틀렸다고 할 수는 없다.

그런데 혹시 완공 이후 변형이 있었다면, 그 변형을 제거하고 보아야만 당대인들의 눈에 씌워진 색안경을 찾아낼 수 있을까?

간단히 답하자면 그건 아니다. 빅토리아 앨버트 뮤지엄은 원래 잡다한 양식이 혼합되어 있던 건물이다. 완공 이후 또 다른 어떤 양식이 부가되었다고 해도 그것의 본질적인 특성, 즉 기존 서양 건축에 존재하는 모든 양식의 혼합체라는 특징에는 변함이 없었을 것 같다. 앞서 살펴본 건물들은 현대에 와서 부가된 부분을 애써 제거하려고 했다. 하지만 빅토리아 앨버트 뮤지엄에서는 그럴 필요가 없다. 빅토리아 앨버트 뮤지엄의 주요 콘셉트가 이것저것 가져다 섞어 쓰기여서 그렇다.

질서보다 우선한 부르주아의 취향

앞서 빅토리아 앨버트 뮤지엄을 설명했다. 요약하자면 고대 그리스부터 당대 바로 직전의 바로크에 이르기까지, 지역적으로는 유럽과 중동을 아울러서 기존의 양식을 모아 놓은 것이라는 이야기다. 하지만 이건 건축사나 양식에 대해 알고 있는 사람 눈에는 그렇게 보이는 특성이다. 만약 건축사나 건축 양식에 대해 지식이 별로 없는 일반인이라면 '저렇게' 생긴 대략 150년 전쯤의 건물로 인식될 것이다. 건물 전체가 저렇게 생긴 건물로 이해된다. 그렇다면 앞서 설명에서 부분 부분을 떼어다가 이러저러하다고 표현한 방식이 잘 이해되지 않는다. 애초에 각 요소를 분리해서 바라보는 것 자체가 불가능할 수도 있다.

당대인들의 눈에 비치는 빅토리아 앨버트 뮤지엄이 섞어 쓰기의 결과물로 보이지는 않았을 것이다. 당대에는 양식 분류가 체계화되어 있지도 않았고, 설령 어지간한 분류가 있었다고 한들 그것이 일반인의 지식으로까지 흔하게 보급되지는 않았을 것이기에 그렇다. 그렇다면 당대인들은 현대의 일반인들처럼 그저 하나의 덩어리로 건물을 보았을까? 그건 또 아니다. 당대인들은 앞서 구분 지은 개별 요소에 대해 현대인들보다 더 민감한 눈을 가지고 있었으리란 추측 때문이다.

당대인들은 빅토리아 앨버트 뮤지엄의 개별 부분과 흡사한 건물들(그리스 양식부터 로마네스크·고딕·바로크까지)을 주변에서 쉽사리 확인할 수 있었기에 그렇다. 이 모든 양식을 주변에서 쉽게 볼 수 있었다. 빅토리아 앨버트 뮤지엄을 보게 되면 의식적으로 노력하지 않아도 주변 건물과 비슷하게 생긴 부분들을 찾아낼 수 있었을 것이다.

여기서 묘한 설명이 필요하다. 현대인이 보기나 당대인들이 보기에 빅토리아 앨버트 뮤지엄은 다양한 양식을 여기저기 뜯어서 조합한 것임은 동일하다. 차이는 그다음에 발생한다. 현대인들은 다양한 부분 부분들이 어떤 특정 양식에 속한다는 것과 그 쓰임에 일정한 규칙이 있다는 사실을 안다. 반면, 당대인들은 다양한 부분이 있다는 것을 인지하는 데서 멈춘다.

얘기가 혼란스러운 듯하니 예를 들어 보자. 조선시대 선비들이 입는 도포를 걸친 사내가 있다. 머리에는 영국 신사 모자를 썼다. 손에는 무당이 굿할 때 쓰는 부채와 신칼을 들었다. 그리고 나이키 운동화를 신었다. 현대 한국인 A라는 사람이 본 어떤 남자의 모습이다. A는 이 남자의 차림새가 볼썽사납다고 할 것이다. '선비가 무당 칼을 들다니? 저 모자는 서양인이나 쓰는 모자 아닌가? 갓을 썼어야지'라고 생각할 것이다. 이렇게 말하는 A라는 사람은 옷차림의 양식을 아는 사람이다. 이제 다른 1900년대 중반경 남아메리카인 B라는 사람이 있다. 이 사람은 각 차림새의 출처가 무엇인지, 즉 양식에 대한 배경지식이 없다. B의 눈에는 도포·모자·칼·부채·나이키 운동화가 그저 신기한 것으로 보일 뿐이다. 어색함을 느끼지 못 한다. 당대인들은 빅토리아 앨버트 뮤지엄을 B의 눈으로 본다.

그리스·로마·고딕·르네상스·바로크·비잔틴·이슬람 등 각각의 양식은 하나의 완결된 형식을 구사한다. 이는 그리스든 어느 양식이든 전체를 구성하는 각 부분이 하나로 통합되는 형식을 요구했고 또 충족했다는 뜻이다. 현대인들도 마찬가지다. 눈에 보이는 한 덩어리의 시각적 대상이면서, 예술적 감상의 대상이라면 그것이 여러 개의 세부 내용을 포함하더라도 전체가 하나로 엮이는 질서를 기대한다. 만일 그런 질서를 찾을 수 없다면 좋은 작품이라는 평을 받기는 어렵다.

하지만 이런 평가 기준을 빅토리아 앨버트 뮤지엄에 곧이곧대로 적용하는 것은 부적절하다. 당대인들의 눈에는 질서라는 것은 중요하지 않다. 그것이 중요하지 않다고 생각해서가 아니라 그것이 아예 보이질 않기 때문이다. 그들의 눈은 현란한 양식의 혼합체가 주는 신기함에 멀어서, 그 이전 시대 사람들 혹은 현대인들의 눈에서 비켜 갈 수 없는 전체적인 질서라는 것이 보이질 않는다. 그들 눈에 보이는 것은 신기한 것들로 가득 찬 덩어리다. 이렇게 비유하면 좋을 것 같다. 그들의 눈에 보이는 빅토리아 앨버트 뮤지엄은 좋은 것은 다 들어 있는 일종의 종합 선물 세트다.

이렇게 이론을 구성하고 나면, 이제 중요한 것은 왜 그랬을까다. 왜 그랬느냐고 묻는 것은 딱 봐서는 그리 좋아 보이기만 하는 것은 아니기 때문이다. 더욱이 건물 디자인에서 하나의 체계나 어느 정도의 질서를 요구하는 현대인의 눈으로 보면 더욱 그렇다.

이 얘기는 유명한 건축역사학자인 니콜라우스 페브스너로부터 시작하는 것이 좋겠다. 이 사람이 빅토리아 앨버트 뮤지엄 시기의 건축에 대해 한마디 했다. 안 좋은 얘기다. 이 시기의 건축물은 부르주아의 저속한 취향이 묻어난다고 비판한다.[84] 우선 저속한 취향에 주목해 보자. 취향이라는 것은 그 취향을 가진 사람이 다른 사람들과는 다른 무엇인가를 더 특별하게 좋아하는 뭔가다. 그런데 이 뭔가가 저속하다고 비판한다. 이제 다시 돌아볼 것은 부르주아라고 부른 사람들이다. 페브스너가 말하는 부르주아는 상인이고 트레이더다. 상인이라면 물건을 팔고 사는 사람을 지칭하고자 한 것 같고, 트레이더라고 하면 주식 중개인 같은 사람들을 지목하는 것 같다. 이들의 공통점은 돈을 많이 벌었다는 것. 그래서 건물을 지을 수 있었다는 것. 자기 집을 짓다 보니 자신의 취향을 적용할 수 있었다는 점이다. 또 다른 공통점을 지적해야 한다. 이들은 귀족이 아니라는 점이다.

페브스너는 독일 사람이다. 20대에 영국으로 유학을 왔다. 옥스퍼드를 졸업했다. 이 정도쯤이면 당대의 상인과 트레이더가 우습게 보였을 수도 있겠다. 그래서 그런지 지금이라면 감히 하기 어려운 말을 서슴없이 한다. 갑자기 돈 번 졸부들의 저속한 취향이 배어 나온다고. 사족을 좀 달자. 귀족도 아닌 것들이.

상대주의의 길을 연 흄

빅토리아 앨버트 뮤지엄은 누가 봐도 과거 양식의 혼합체다. 이게 어쩌다 이렇게 되었는지를 먼저 알아보자. 빅토리아 앨버트 뮤지엄은 1851년 런던 대박람회로부터 시작한다. 산업혁명을 거치면서 기술이 발전했고, 국력이 커진 영국은 전 세계적으로 자랑하고 싶었을 것이다. 대놓고 자랑할 자리를 만들었다. 런던의 한 장소에 전시관을 많이 지었다. 백여 개가 모여 있게 되었다. 그곳에서 영국이 자랑할 기술을 선보였다. 물론 전 세계에 선전했고, 사람들을 불러들였다.

영국이 자신의 기술을 자랑하기 위해 전시관 내부를 가득 채웠다면, 전시관 자체 또한 그들 기술과 부를 뽐내기 위한 좋은 도구다. 건물을 멋지게 짓고, 가능하다면 다른 나라에서는 흉내 낼 수 없는 기술을 동원해서 건물을 지었다. 다른 나라가 따라 할 수 없는 기술을 사용해서 뽐낸 건물이 수정궁(The Crystal Palace)이다. 철제로 프레임을 만들고, 프레임을 유리로 채웠다.

빅토리아 앨버트 뮤지엄은 수정궁 바로 옆에 세워진 전시관으로 시작했다. 전시 기간이 끝난 후 영국은 이 전시관을 영구적인 박물관으로 운영하기로 했다. 그리고 초대 박물관장으로 헨리 콜을 임명했다. 주목해야 할 인사다. 이 사람을 알게 되면 빅토리아 앨버트 뮤지엄이 어쩌다가 앞선 설명과 같은 건물이 되었는지에 대해 반 이상 알게 된다.

콜은 옥스퍼드를 중퇴하고, 정부에서 일했다. 구체적으로 말하자면 영국 산업위원회 위원의 비서로 일했다. 비서 일을 잘했는지 1851년 콜

수정궁

자신이 산업위원회 위원이 되었다. 이때는 영국이 런던 대박람회를 준비하던 때였고, 콜은 대박람회 이후에 빅토리아 앨버트 뮤지엄이 되는 전시관을 주도적으로 건설하게 된다. 박람회 이후에는 빅토리아 앨버트 뮤지엄의 초대 관장이 되어 이 건물의 건축을 주도하게 된다. 이 과정에서 콜의 취향과 역량이 유감없이 발휘되었다.

여기서 짚고 넘어갈 포인트가 하나 있다. 콜은 옥스퍼드에서 무엇을 배웠을까? 그의 전공은 고고학이었다. 이 말 한마디로도 콜의 취향을 짐작할 수 있다. 그는 고고학을 공부한 덕에 과거 건축적 양식에 해박했을 것이다. 하지만 불행하게도 많이는 알아도 깊이는 알지 못했던 것 같다. 이런 의심을 하게 되는 것은 그가 옥스퍼드를 중퇴했다는 데서 비롯된다. 한 가지 더, 그가 중산층 출신이라는 점. 많이는 알아도 깊이가 없고, 귀족 수준의 교양을 갖추었을 것 같지도 않아 보이는 콜이다. 딱 페브스너의 먹잇감이 되기에 적합해 보이지 않은가?[85]

콜이 빅토리아 앨버트 뮤지엄을 직접 설계한 것은 아니다. 건축가를 고용했다. 그가 고용한 건축가가 누구인지가 또 한 번 짚어보아야 할 포인트다. 빅토리아 앨버트 뮤지엄이 완공되기까지 여러 명의 건축가가 거쳐 갔다. 하지만 빅토리아 앨버트 뮤지엄의 건축에 가장 큰 영향을 미친 건축가로 꼽을 만한 사람이 있다. 프랜시스 포크(Francis Fowke)다. 이 사람은 군인 출신이었고, 건축가라기보다는 엔지니어였다.[86]

포크가 공병 군인이고, 엔지니어이기에 콜이 건축적으로 더 깊게 간여하게 되었다기보다는, 콜이 자신이 건축가 역할을 하고 싶어서 그런 사람을 건축가로 고용했을 것이라는 추측도 가능하다. 콜은 자신의 고고학적 지식을 동원해서 세상에서 볼만하다고 생각한 모든 양식을 모아 넣었다. 종종 지식은 선호를 좌우하기도 한다. 고고학적 지식이 고고학적 양식을 선호하게 했을 것이다. 이런 이유로 빅토리아 앨버트 뮤지엄은 좋게 말하자면 다양한, 페브스너 식으로 폄하해서 말하자면 잡다한 양식의 혼합체가 된다.

과거 양식을 다양하게 혼합해서 사용하는 것은 비단 콜 개인의 특별

빅토리아 양식 사례

한 취향이 아니었다. 당대의 건축 분야 전반에서 불어닥친 일종의 유행에 콜이 끼어든 것이다. 콜이 빅토리아 앨버트 뮤지엄을 완성해 가고 있던 그 시기 건축에는 빅토리아 양식이라는 이름이 붙어 있다. 당시 여왕의 이름을 따서 붙인 양식이다. 이 양식의 특징은 과거의 양식적 요소들을 가져다가 복합해서 건물을 짓는다는 점이다.

이제 페브스너가 서슴없이 저속하다고 표현하는 그런 일을 왜 할 수 있었는지가 궁금하지 않은가? 이것 역시 사람들이 무엇을 가치 있다고 생각하느냐와 연결된다. 이제 미학과 철학으로 이어지는 접점으로 이동할 시간이다.

콜을 포함한 빅토리아 시기 당대인들의 취향을 설명해 줄 수 있는 것은 당시 영국에서 유행하고 있던 취미론이다. 이것에 대해 알아보자. 취미론은 영국의 미학 이론이다. 취미론이라는 개념 아래 미와 미적 판단의 방법에 대해서 다양한 논의가 전개되었다. 프랜시스 허치슨이나 샤프츠베리가 대표적인 취미론자다. 하지만 여기서는 흄을 살펴보자. 특히 그의 저서『미의 표준에 관하여』[87]에 초점을 맞추어보자. '미는 감상자의 마음에 있다'라는 것이 그의 취미론의 요체다. 한편, 미는 매우 주관적이기는 하지만 객관적 기준이 전혀 없는 것은 아니라고 사족을 달기도 하지만.

이제 흄의 취미론의 근거를 파보자. 취미론도 밑도 끝도 없이 하늘에서 뚝 떨어진 것은 아닐 것이다. 데카르트가 인간 사고능력의 가능성을 열어 줬고, 베이컨이 사고를 활용하는 방법에 대해 좋은 조언을 해주고, 밀레니엄 스타 뉴턴은 이들의 어깨 위에서 인간의 사고능력이 어디까지 확장될 수 있는지를 보여주었다. 계몽의 시대가 열린 것이다. 계몽의 시대에 인간의 사고능력에 대해 인간들은 스스로 감탄해 마지않는다. 자신들에게 주어진 사고능력, 즉 이성을 이용해서 무엇이든 다 할 수 있을 것 같은 자신감이 충만했다.

그러던 중, 사실 이성 절대주의가 그 폐해를 본격적으로 드러내기도 전인데, 잠수함 속의 카나리아가 앞으로 닥칠 위험을 민감하게 감지하는 것처럼, 이성이 필수적으로 수반하는 문제점에 천착한 사람들이 있었다. 이들 중에서 가장 유명한 사람을 꼽자면 흄과 칸트다. 칸트는 인간의 사고 체계를 규명하고, 그 체계적 한계로 이성은 한계가 있을 수밖에 없다고 주장했고, 칸트 이전에 흄은 경험주의를 극단으로 밀고 갈 때 빠지게 되는 상대주의에 대해 언급했다. 이 둘의 얘기는 결국, 이성은 절대적이지 않다. 한계가 있다. 조심해야 한다는 뭐 그런 얘기다. 하지만 이 둘 간에 차이도 있다. 칸트는 한계는 있지만, 그것만 조심한다면 이성은 매우 효과적이라고 본다. 그리고 한계의 반대편은 체계적이라는 것. 그리고 그것에 의지하여 공감할 수 있는 미적 판단도 가능하다고 얘기한다. 앞에서 거론한 뒤랑을 생각해 보면 좋다.

흄은 다르다. 경험론을 끝까지 밀고 갈 때 맞닥뜨리게 되는 상대주의는 불가피하다는 입장이다. 그렇다면 너도 옳고 나도 옳다고 보는 게 낫다는 결론에 이른다. 타인의 취향에 관해 상대주의를 적용한다. 타인의 취향에 대해 얘기할 때, 모든 경험론적 극단이 상대적인 결론에 도달하는 것처럼, 취향은 상대적으로 모두 옳은 것으로 논리적 귀결을 보여줄 것이기에 그렇다. 흄의 철학적 결론은 미학 분야에서 취미론으로 이어졌고, 취미론은 건축에서는 과거의 양식을 이것저것 혼합해서 사용해도 좋다고 하는 절충주의로 이어졌다. 빅토리아 앨버트 뮤지엄 당대인들이 쓰고 있던 색안경은 데이비드 흄이 제공해 준 '상대주의'라는 제품이었다. 콩깍지가 제대로 씌워질 수 있는 분위기는 이렇게 만들어졌다. 상대주의라는 이름 아래.

흄의 상대주의를 아리스토텔레스와 연결하는 것이 가능할까? 먼저 예술 창작자의 입장에서 생각해 보자. 아리스토텔레스는 그의 저술『시학』에서 예술가는 현실 세계에 존재하지 않는 장면을 만들기 위해 다양한 현실의 조각을 이어 붙이는 작업을 예술의 중요한 방법으로 인정한다.[88] 이때 예술가가 창조하는 특정 장면은 하나만 존재하지 않는다. 다양한 가능한 존재 중의 하나를 제시하는 것이 예술가의 역할이라고 인정한다. 딱 하나 정답을 고집하지 않고 다양한 가능한 존재 중의 하나를 인정한다는 것은 매우 상대주의적 입장이다. 이런 면에서 보면 아리스토텔레스는 확실히 흄의 상대주의와 닮았다.

이번에는 예술 감상자의 입장에서 생각해 보자. 다시 아리스토텔레스의 주장을 들어보자. 그에 따르면 관객이 예술작품을 감상하고 이해하는 능력도 경험과 훈련을 통해 발전할 수 있다고 한다.[89] 어느 누구도 관객들의 경험과 훈련이 동일할 수 있다고 생각하지는 않는다. 이런 면에서 감상자의 입장에서 아리스토텔레스는 흄과 같이 상대주의의 길을 열어 놓고 있다.

이런 맥락에서 우리는 빅토리아 앨버트 뮤지엄에서 아리스토텔레스의 영향을 찾아낼 수 있다. 건축의 추가 다시 아리스토텔레스 쪽으로 기울어졌다. 건축의 추가 아리스토텔레스로 기울어지는 순간, 우리는 또다시 플라톤을 예상하게 된다. 플라톤이라는, 아리스토텔레스라는 거창한 이름을 들먹이는 데서 느끼는 불편함이 있다면 다른 말로 해도 된다.

사람들은 그들이 모르는 저 너머의 것을 알고 싶어 한다. 문제는 그 다음에 나온다. 한쪽은 그 일정한 규칙을 어떻게든 찾아내서, 그 규칙을 따라야 한다고 주장한다. 다른 한쪽 생각은 좀 다르다. 가능한 현실태를 모아가다 보면 그 모르는 것을 알 수 있게 될 것이라고 기대한다. 예를 들어보자. 전자는 이차방정식을 푸는 것과 같다. 후자는 루트 2를 계산하는 것과 같다. 이차방정식은 공식이 있다. 공식만 알면, 그것을 곧이곧대로 적용해 답을 찾을 수 있다. 반면, 루트 2를 계산하기 위해서는 끊임없이 추측해야 한다. 사실 밑도 끝도 없이 추측해서 값을 던져 놓고, 그 값이 맞는지 틀리는지를 살펴보는 과정을 되풀이해야 한다.[90] 후자는 해보기 전에는 모른다는 입장, 전자는 해보기 전부터 답을 알 수 있다는 입장이다. 전자는 플라톤이고, 후자는 아리스토텔레스다. 아직 모르는 것, 하지만 알고 싶은 것에 대한 사람들의 생각은 이렇게 딱 두 가지다. 그리고 사람들은 이 두 가지 방법 사이를 오간다.

마치 시계추처럼.

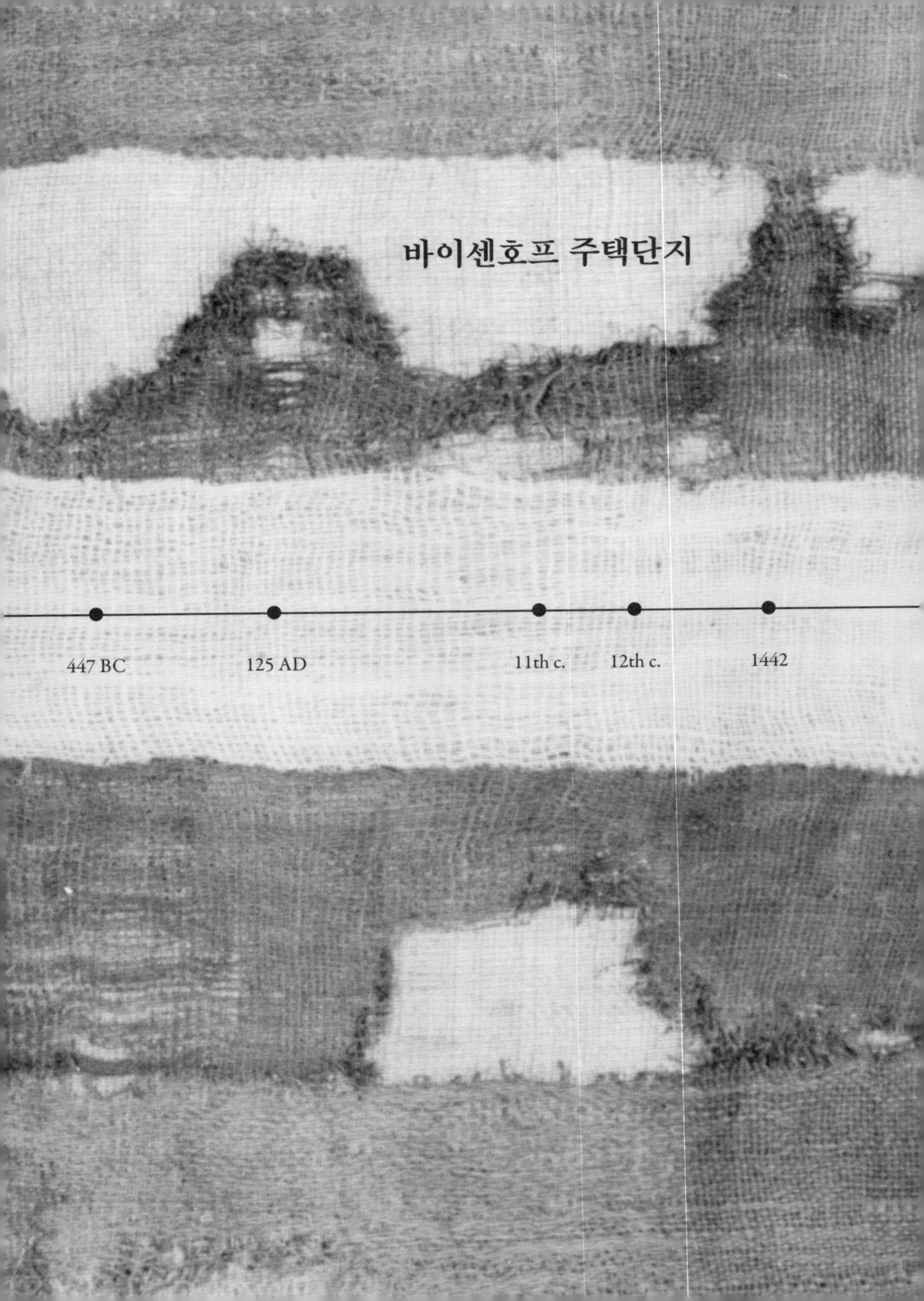
바이센호프 주택단지
447 BC
125 AD
11th c.
12th c.
1442

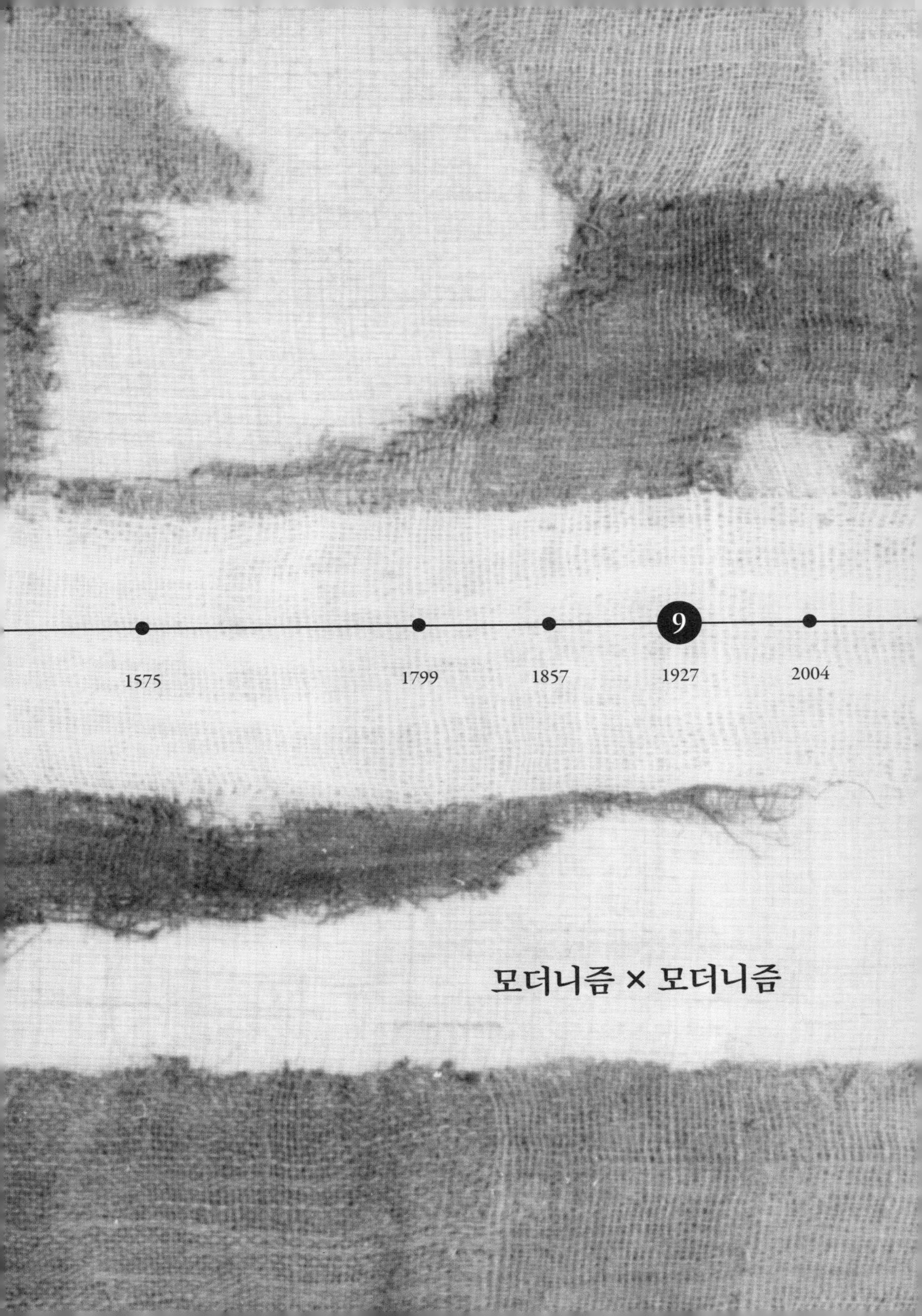

모더니즘 × 모더니즘

사회주의적 경향이 스며든 모더니즘

1927년 독일 한 도시에서 특별한 전시회가 열렸다. 전시회 개막식에서 전시 책임자였던 미스 반 데어 로에(Ludwig Mies van der Rohe)는 다음과 같은 소감을 남겼다.

"우리는 여기서 집을 설계한 것이 아닙니다.

새로운 삶을 설계하였습니다."[91]

시건방지고 기고만장한 태도다. 이런 태도는 비단 미스만의 것이 아니었다. 세부적인 내용은 조금씩 달랐지만 결과적으로 많은 건축가가 비슷한 이야기를 했다. 이 시대의 건축가들은 그랬다. 이 시대란 모더니즘 시대를 말한다. 시대적으로 보자면 20세기 초반이다. 이들이 지향하는 건축은 과거의 건축과는 매우 달랐다. 이들에게 건축은 삶을 담는 그릇이 아니라, 삶의 방식을 제시하는 언어였다. 이제부터 이들에 대해 자세하게 알아보자.

유럽의 모더니즘은 세 단계로 구분된다. 첫 번째 모더니즘은 과거 양식과의 결별 형태로 제일 먼저 나타났다. 모더니즘이라는 이름을 얻기 전, 그들이 스스로 선택한 이름이 시제션(secession), 즉 분리 아니었던가. 이들에게 모더니즘이 과거와의 분리라는 것은 이 이름에서도 분명하게 드러난다.

결별 의지는 분명한데, 그러면 그다음은 방법이 문제다. 어떻게 결별하자는 건가? 현재 살고 있는 환경이 싫고, 거기서 벗어나고 싶다면 사람들은 뭘 하는가? 그 자리를 떠나서 다른 환경을 접해보고자 한다. 과거와

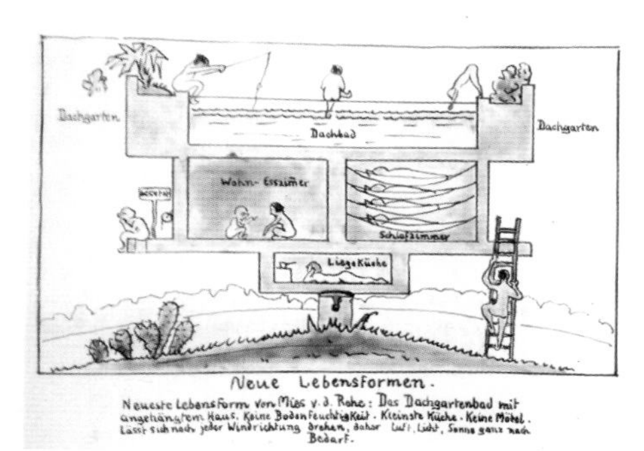

여러 매체에 소개된 바이센호프지들룽[92]

멋지게 결별하고 싶었던 유럽의 건축가들에게 좋은 기회를 준 것은 미국이다. 세계 최고의 공업 국가로 발전하고 있던 미국에서 유럽 건축가들은 기능주의를 발견한다. 이런 면에서 가장 눈에 띄는 유럽의 건축가는 아돌프 로스다. 그가 설계한 로스 하우스와 같은 기능주의적 건물이 괜히 아무 맥락 없이 하늘에서 뚝 떨어졌을 리가 없다. 아돌프 로스의 미국 경험은 그에게 기능주의에 눈을 뜨게 해줬다. 기능에 집중한다는 것만큼 과거와의 결별을 효과적으로 가능하게 해주는 것도 없다. 유럽 모더니즘의 두 번째 단계는 기능주의다.

과거로부터 결별하고, 기능주의에 몰입한 유럽의 모더니즘이 후발 제국 독일의 상황과 맞물려 묘한 모습으로 발전하는 단계를 우리는 목격하게 된다. 사회주의적 경향이 스며든다.[93] 후발 선진국이라 할 수 있는 독일은 영국이나 프랑스에 비해 상대적으로 뒤져 있었다. 하지만 독일의 잠재적 역량을 보면 이런 상황이 당연하다고 볼 일은 아니었다. 이 시기 독일은 압축 성장을 원했다. 빨리 영국과 프랑스를 따라잡고 싶었다. 방법은 국가가 나서서 뭔가를 하는 것이다. 이런 상황을 잘 이해하려면 대한민국의 압축 성장 발전이 어떻게 시도되었는지를 보는 것도 좋다. 국가가 대기업 총수 역할을 하지 않았던가. 이 시기의 독일에서는 딱 그런 일이 일어났다. 독일 지역에서는 모더니즘의 세 번째 단계가 모습을 구체적으로 드러내기 시작했다.

독일 드레스덴에서도 구석으로 찾아 들어가서야 볼 수 있는 주택단지가 있다. 건축 명소로 이름난 곳이다. 그런데 가보면 실망이다. 뭐 별로 특별한 것이 전혀 없다. 3~4층짜리 아파트 십여 동이 옹기종기 모여 있는 정도다. 우리나라로 치자면 연립주택 단지 정도다. 우리나라의 아파트와 비교하자면 특징이 있기는 하다. 깔끔하다. 그리고 뭐라고 딱 꼬집어서 얘기하기 어렵지만 유럽풍이 느껴진다. 이건 우리 아파트와 비교했을 때 그런 것이고, 독일이나 다른 유럽의 아파트와 비교하면 특징이 전혀 없다.

이 아파트 단지의 이름이 바이센호프지들룽(Weißenhofsiedlung)이다. 바이센호프 지방의 주택단지 정도의 의미다. 이 주택단지를 보면서 감동하려면 꽤나 많은 지식이 필요하다. 그냥 봐서는 전혀 감동이 없다. 이 점이 이 주택단지의 가장 큰 특징이다. 그냥 봐서는 미적 감동이 전혀 없다는 것이.

바이센호프지들룽을 감동적이라고 느끼려면 세뇌가 필요하다. 이번 장의 주제는 바로 이것이다. 딱 봐서는 도저히 미학적으로 감동적일 수 없는 것이 어찌해서 감동적인 것이 될 수 있는가.

바이센호프지들룽에는 작은 단지들이 몇 개 포함된다. 큰 단지 안에 작은 단지들이 들어가 있다고 보면 된다. 작은 단지는 건물 두서너 채로 구성된다. 이 주택단지는 여러 명의 건축가를 초청해서, 각각의 건축가에게 작은 단지를 구성하도록 의뢰했다. 그러다 보니 단지별로 특색이 있다. 하지만 절대로 중구난방은 아니다. 이 프로젝트를 주관한 곳에서 초빙한 건축가들이 최대의 창의성을 발휘할 수 있도록 자율권을 주면서도 몇 가지 가이드라인을 주었기 때문이다. 값이 싸야 한다, 재료 본연의 특성을 살려야 한다, 현대적 감각이 묻어나야 한다, 등등이다.

이 주택단지 설계에는 당대의 유명한 건축가들이 다수 참여했다. 미스가 총책임자 역할을 맡았다. 전시회에 17명의 건축가가 초청되었다. 이들 중에서 굵직한 이름을 꼽자면 피터르 아우트(Pieter Oud), 발터 그로피우스(Walter Gropius,), 루트비히 힐버자이머(Ludwig Hilberseimer), 부르노 타우트(Bruno Taut), 한스 샤룬(Hans Scharoun,), 르 코르뷔지에(Le Corbusier)가 있다. 이 중에서 르 코르뷔지에의 단지를 살펴보자. 그의 아파트를 설명하는 것은 아주 용이하다.

이 단지를 설계하기 전에 르 코르뷔지에는 현대(그 당시)에 지어지는 건축은 이러저러해야 한다고 주장한 적이 있다. 그의 이론은 돔-이노 이론이라는 이름까지 붙어 있다. 그 유명한 이론은 아주 간단하다.

첫 번째, 평지붕을 사용해라

두 번째, 평지붕으로 생기는 옥상을 정원으로 활용해라

세 번째, 창은 수평으로 긴 창으로 해라

바이센호프지들룽 안에 자리 잡은 르 코르뷔지에 동은 딱 그렇게 생겼다.[94] 직육면체로 동을 구성한다. 당연히 지붕은 평지붕이고, 평지붕 위에 옥상 정원을 두었으며, 필로티를 설치했다.

이제 내부로 들어가 보자. 실내 구조도 현재 우리가 사는 아파트와 크게 다르지 않다. 그래서 별 특징이 없다고 해도 좋다. 그런데 사실, 우리가 현재 사는 아파트와 동일하다는 것 자체가 가장 큰 특징이다. 바이센호프지들룽의 르 코르뷔지에 동은 그저 박스 모양의 깔끔한 낮은 저층 아파트다. 이 외에 특징적인 것이라고는 찾아볼 수 없다. 약간의 설명을 했지만, 이 설명으로 인해 파악되는 바이센호프지들룽은 무엇인지는 알겠으나, 그것이 왜 감동적일 수 있는지는 알 길이 없다.

현재 모습을 보았으니 과거를 확인해야 한다. 당대인의 미적 감정을 가늠해 보려면 당대의 건물 모습을 복원해야 한다. 최초 형태나 의도와 달라진 개조나 증축이 있었다면 그걸 그냥 둔 채로 당대인의 미적 감흥을 추측해 보는 것은 웃긴 일이다. 1장부터 반복해 왔듯 이제 변화한 부분을

빨간 선으로 표시한 부분이 르 코르뷔지에가 설계한 동

걷어 내고 원래 모습을 확인하는 단계라고 예상했겠지만, 여기서는 그럴 필요가 없다.

바이센호프지들룽이 건설된 것은 1927년. 그 후 제2차 세계대전으로 단지 내 많은 건물이 소실되고 또 복원됐다. 2016년 바이센호프지들룽 단지 내 르 코르뷔지에 건축물은 유네스코 세계유산에 등재되었다.[95] 원형의 충실한 보전이 등재의 중요 조건이라는 것을 고려하면, 우리가 자세하게 살펴볼 르 코르뷔지에의 작품은 당시 원형에서 크게 벗어나지 않는다고 봐도 좋다.

르 코르뷔지에가 설계한 동

차이가 있다면 현대에 우리가 보는 바이센호프지들룽에는 대단한 아우라가 입혀져 있다는 것이다. 물론 이것도 이 단지가 어떤 것인지 아는 사람에게나 해당하는 이야기다. 어쨌든 바이센호프지들룽 당시 사람들의 미적 감흥을 파고들려면 우선 현대인들 눈에 쓰인 아우라를 벗어 놓아야 한다. 쓸데없이 과장된 가치가 부여되어 있을 수도 있다. 사물에 부여된 가치에 의해 사물이 달라 보인다는 것은 이미 여러 차례 얘기한 바 있다. 우선은 아우라를 벗어 버리고 보이는 건물 자체에 집중해야 한다.

백 년 전, 하얀 빈 벽의 의미

똑같은 건물이지만 당대인들은 우리와 다르게 보았을 것이다. 적어도 세 가지가 어렵지 않게 추측된다. 첫 번째는 장식이 없는 백색의 빈 벽, 두 번째는 기능주의, 그리고 세 번째는 표준화다.

우선 장식이 없는 백색의 벽체를 살펴보자. 현대인은 거기서 무엇을 보는가? 장식이 없는 벽체는 우리 주변에 흔하다. 이런 눈으로 보자면 백색의 벽체들은 어떤 이목도 끌지 않는다. 그런데 당대인들의 눈에도 장식 없는 백색 벽체가 흔하게 보이는 것이었을까? 그건 아니다. 그리스에서 절충주의 건축에 이르기까지 건축가들은 벽체를 그저 비워두는 법이 없었다. 그들에게 벽면은 그림을 그리기 위한 화폭과도 같았다. 빈 벽면을 그대로 둔다는 것은 화폭을 만들고는 그림을 그리지 않는 것과 같다. 이게 무슨 전위 예술도 아니고.

나는 지금 백색의 빈 벽면이 너무 익숙해서 별로 눈에 띄지 않는다고 쉽게 말하고 있다. 하지만 사실 이 말 한마디에 근 백 년에 걸친 많은 사람의 노력이 담겨 있다. 현대인은 깔끔하게 비어 있는 하얀 벽을 전혀 이상하지 않게 생각한다. 이상하지 않은 정도가 아니다. 세련된 맛을 느끼고 미학적으로도 좋은 감흥을 느낀다. 이를 표현하는 단어로 '미니멀'하다는 말이 있지 않은가? 심플이라는 영어 단어도 많이 쓰인다. '미니멀', '심플'에는 호의적인 의미가 듬뿍 담겨 있다. 1927년 바이센호프지들룽의 빈 벽으로부터 현대인이 가지는 이런 감정이 시작되었다.

백 년 전 바이센호프지들룽의 비어 있는 하얀 벽은 당대인들에게 그

야말로 엄청난 시각적 충격이었다. 바이센호프지들룽은 새로운 미학이 시작되는 출발점에 해당한다. 어째서 이런 백색의 빈 벽이 나오게 되었을까? 1927년에서 대략 30년 전쯤으로 시계를 돌려봐야 한다. 그렇다고 해도 유럽 어느 곳에서나 그런 움직임이 있었다는 얘기도 아니다.

20세기가 막 시작될 무렵, 오스트리아 빈에 특별한 예술가 그룹이 있었다. 왜 특별한지를 말해야 한다. 이들은 당대 사람들이 관습적으로 아름답다고 생각했던 시각적 대상에 대해 불만을 품었다. 대칭적인 구조물, 화려한 장식, 이런 것들이 아름답다고 생각하던 시절이었다. 이것이 문제였다.

대칭적이면서 권위가 묻어나는 형태, 화려한 장식은 부르주아의 것이었다. 형태나 장식이 특정한 집단의 전유물이었다는 것이 왜 그리 중요할까? 현대의 시각으로 보자. 어떤 구분되는 그룹이 있다. 그들이 그들만의 상징체계를 사용한다. 꼴사나워 보일 수도 있고, 그들이 자신을 구분해 드러내 보이는 장치로 의도적으로 과도하게 사용한다면 사회적 통합을 방해한다는 비판도 가능하다. 하지만 그걸 못 하게 말릴 일은 아니다.

당시 빈은 달랐다. 유럽의 다른 선진 도시, 즉 영국이나 프랑스와 마찬가지로 19세기를 관통하면서 왕과 귀족의 앙시앵 레짐(Ancien Régime)은 힘을 잃고 부르주아와 구체제 세력이 동거하는 모양새가 연출된다. 시간이 좀 더 지나면 앙시앵 레짐은 부르주아에 의해 대체된다.

앙시앵 레짐이 완전하게 해체된 이후 사회에는 지배 계층이 사라졌는가? 그건 아니다. 현대적 의미의 시민이 등장하고, 적어도 법적·이념적으로는 모두가 평등한 사회인 듯해도, 실질적인 평등과는 거리가 있었다.

왕과 귀족을 대신해 돈을 많이 벌고, 사회적으로 전문직을 차지한 부르주아가 사회의 지배 계층으로 부상한다. 이후 부르주아와는 성격이 좀 다른 계층이 생겨나기 시작했다. 특정 용어를 사용하자면 프롤레타리아다. 세상은 귀족과 평민의 대치 구조에서 부르주아와 프롤레타리아의 대치 구조로 진화했다.[96]

부르주아의 감수성이 어떠한 것이었나를 적나라하게 보여주는 것이 아돌프 로스의 로스 하우스 사건이다. 빈의 중심부, 즉 부르주아의 근거지에 부르주아적이지 않은 로스 하우스의 등장은 매우 충격적인 사건이었다. 부르주아들은 로스 하우스를 매우 싫어했다. 이유는 간단하다. 건물이 제대로 된 장식 요소를 갖추고 있지 않다는 것이었다. 부르주아는 로스를 압박했고, 로스는 부르주아의 요구와 타협해야만 했다. 디자인의 일부를 수정하고 나서야 로스 하우스는 지어질 수 있었다.[97] 로스는 부르주아가 아닌 계층의 감수성을 대변하고 있었다. 로스의 입장에서는 속 터질 일이 아니었겠는가? 여러분이 로스의 처지였다면 무엇을 하고 싶었을까?

부르주아의 미적 감수성을 파괴하고 싶었을 것이다. 수적으로 보자면 훨씬 더 많은 사람의 미적 감수성을 대변할 수 있는 미학을 만들고 싶지 않았겠는가? 빈에 모여든 몇몇 건축가와 예술가들은 실제로 그런 일을 시도했다. 이들을 부르는 이름이 있다. 그들 스스로가 자신에게 붙인 이름이다. 시제션이다. '분리한다'는 뜻이다. 무엇을 무엇으로부터 분리하는가? 자신의 미적 감수성을 부르주아의 미적 감수성으로부터 분리한다는 의미다.

시제션의 활동이 그다지 성공적이지는 않았다. 눈에 보이고 손으로 만져지는 결과를 만들지는 못했다. 하지만 그들이 표방하는 바는 분명하게 드러내 보여줬다. 그리고 이후의 건축과 예술 활동의 지향점을 제시하는 데는 무리가 없었다.[98] 시제션으로부터 시작된 시도, 즉 장식에서 벗어나려는 시도는 백색의 빈 벽으로 나타났다. 백색의 빈 벽은 새로운 미학의 시작점이었다. 다른 이점도 있었다. 이는 새로운 건축 재료의 속성과 시공법을 더 효과적으로 사용하는 방법이었다. 현대인이라면 무덤덤하게 보아 넘길 빈 벽이 당대인들에게는 특별한 것으로 보였을 것이다.

이제 당대인이 우리와 다르게 느꼈을 두 번째 논점으로 가보자. '기능적'이라는 것의 가치다. 건물이 기능적이라는 것은 두 가지 측면에서 고려된다. 하나는 만들 때, 그리고 다른 하나는 사용할 때다. 만들기의 측면에서 보자면 르 코르뷔지에가 제시한 평지붕·수평 창·필로티·옥상정원은 매우 기능적이다. 비가 새지 않는 철근콘크리트가 있는데 굳이 경사 지붕을 만드는 것은 인력과 재료의 낭비다. 수평 창은 내부 배치의 자유도를 높이고, 필로티는 굳이 포치를 덧붙이는 수고를 덜어주고, 옥상정원은 기왕 확보된 지붕의 평평한 공간을 효율적으로 사용하게 해준다는 면에서 분명 기능적이다.

사용할 때 기능적이어야 한다는 생각 자체는 예전부터 있었던 것이 아니다. 이런 생각이 주목을 받은 것은 전에 없던 기능이 생겨나면서부터다. 뒤랑을 생각해 보자. 그가 굳이 설계 방법론을 제안할 필요가 생긴 것도 예전에 없던 기능을 가진 건물이 필요해졌기 때문이다. 가장 대표적인 사례를 들어보자. 공장이다. 공장은 예전에 없던 기능이다. 전혀 새로운 기능이다. 공장에는 전범이 없다. 새로 만들어야 한다. 그러면 뭘 고려해야 하는가? 왕에게 머리를 조아리듯, 매일 아침 업무를 시작하기 전에 공장장이 있는 장소를 향해 머리를 조아리게 공간 배치를 해야 할까? 전혀 그럴 일은 없다. 제품을 가장 효과적으로 만드는 데 도움이 되는 공간 배치를 고안해야 한다.

새로운 기술과 기능은 새로운 공간 배치를 요구했다. 이런 경향은 뒤랑 시대 이후 산업혁명을 거치면서 분명하게 드러난다. 산업혁명은 산업 전반에 걸쳐 새로운 변화를 촉발했고, 그런 활동들을 수용하기 위해 전에 없던 공간이 필요했다. 한편, 산업혁명은 도시화를 촉진했다. 도시로, 도시로, 사람들이 몰렸고, 전에 없는 기능이 여기서도 필요해졌다. 새로운 기능을 수행하는 건물들이 도시를 채워나갔다.

1927년 바이센호프지들룽 당대 사람들에게 새로운 기능은 진정한 새로움이었다. 현재 우리에게 건축적 기능주의는 너무나 익숙해져서 식상한 개념이지만, 당대인들에겐 기능주의는 싫증의 대상이 아니었다. 이들 눈에 바이센호프지들룽의 내부 공간 배치는 신선함 그 자체였을 것이고, 그것이 잘 보였을 것이다.

세 번째 얘기로 들어가자. 현대인들 눈에는 색다를 것이 없어서 잘 보이지도 않지만 1927년 바이센호프지들룽 당대인들에게는 너무나 색달라 보였을 그것. 바이센호프지들룽에 지어진 여러 건축가의 작품은 각기 나름의 특색을 갖추고 있다. 하지만 잘 살펴보면 서로 비슷한 점도 많다. 참여 건축가들에게 전시회 주최 측이 전달한 요구 사항 중 '경제적일 것'이라는 항목이 있다.[99] 당시는 제1차 세계대전 이후 주택난에 허덕이고 있었다. 이럴 때 필요한 것은 경제적으로 '어포더블(affordable)'하게 지을 수 있는 집이었을 것이다. 집을 지을 때 경제성을 높이는 가장 쉬운 방법은 싼 재료와 노동력을 절감할 수 있는 공법을 사용하는 것이다. 이 방법이 가장 쉽기는 하지만 이렇게 하면 건축의 질이 떨어지는 것은 불 보듯 뻔한 일이다.

너무 싼 재료만 사용하지 않고, 그리고 비숙련 노동자로 숙련 노동자만큼의 기술을 부릴 수 있는 그런 방법이 있다면 얼마나 좋겠는가. 세상에 싸고 좋은 것은 없다고들 말한다. 건축이라고 그 말이 틀릴 일은 없지만 그래도 실천 가능한 싸고 좋은 것을 만드는 방법이 있기는 하다. 비싼 재료를 싸게 만들 수 있고, 어려운 기술도 쉽게 활용할 수 있으면 된다.

건축에는 표준화와 공업화라는 방법이 있다. 표준화하면 비싼 재료를 덜 비싸게 할 수 있다. 공업화는 부분 부분을 공장에서 만들어 현장에서 조립하는 방법이다. 이런 방법을 잘 쓰면 값싼 노동력으로 비싼 노동력 비슷한 결과물을 얻을 수 있다.

전시회 주최 측은 이런 표준화와 공업화를 구체적으로 요구하지 않았다. 하지만 건축에서 경제성을 높일 수 있는 최선의 방법이 표준화와 공업화라는 것은 누구나 잘 알고 있으니 주최 측이 장려했다고, 그리고 우회적으로 요구했다고 봐도 틀린 말은 아니다.

이는 주최 측이 어떤 조직인지를 보면 더욱 잘 알 수 있다. 전시회를 기획한 것은 독일공작연맹이다. 독일공작연맹은 일종의 독일식 관변 단체다. 독일 정부는 특별한 목적으로 이 단체를 지원했다.[100] 그들에게는 독일 산업 제품의 품질을 향상시켜 해외로 더 많이 수출하겠다는 목표가 있었다. 여기서 당시 독일은 영국과 프랑스를 따라잡고 싶어 했다는 점을 상기하자. 제품이 잘 팔리려면 우선 성능이 좋아야 하는데, 독일은 이 부분에서는 자신이 있었다. 독일에서 쓰기에 편리하고 내구성이 좋은 제품을 만드는 건 어렵지 않은 일이었다. 문제는 인상이다. 멋진 제품이라는 인상. 달리 말하자면 멋진 디자인을 뽐내는 제품을 만들고 싶어 했다.

1927년 전후로 독일이라는 나라의 디자인 수준을 생각해 볼 필요가 있다.[101] 지금도 디자인하면 프랑스나 이탈리아를 떠올린다. 독일은 후순위다. 지금도 그런데 당시라면 말할 것도 없다. 후발 선진국이었던 독일은 여러모로 디자인 강국이라고 불리기에 모자람이 많았다. 한편, 바이마르 공화국을 거치면서 자신감이 생기기 시작했으니 디자인이라고 안 될 것이 뭐가 있을까 정도로 생각했을지도 모르겠다.

한 나라의 디자인 수준을 끌어올리는 것은 쉬운 일이 아니다. 단기간에 할 수 있는 일도 아니다. 하지만 독일은 그걸 원했다. 방법이 아주 없는 것도 아니었다. 한 나라의 디자인 수준을 올리려면, 그리고 그것이 지속되려면, 전체 국민의 감성 수준을 향상할 필요가 있다. 디자인 수준이라는 것이 공적 조직의 인위적인 개입으로 향상되는 특성은 아니지만, 후발국가 독일에는 좀 특별한 방법이 필요했다.

독일은 표준화라는 방법을 택한다. 디자인을 표준화하면 전체적인 디자인의 수준을 끌어올리는 데는 매우 효과적이다. 독일공작연맹은 바이센호프지들룽을 통해 표준화 효과를 주장하고 싶었을 것이다. 그리고 이런 표준화는 재료의 특성을 잘 활용할 수 있게 해준다는 점, 표준화로 노동력을 절감할 수 있다는 점 등과 맞물려 순기능을 인정받는다.

현대인들에게 표준화는 별로 달갑지 않은 개념이다. 지금의 우리는 표준화보다는 개성을 더 선호한다. 표준화된 물건은 싸구려라는 인식이 당연하게 서 있지 않은가. 이런 이유로 표준화는 현대인의 눈에는 별로 신선한 개념이 아니다. 하지만 당대인들의 눈에는 어땠을까? 표준화에 대한 민감도로 얘기하자면 1927년 당대인들이 더욱 그랬을 것이다. 현대의 눈에는 표준화는 보이지 않는다. 당대인들의 눈에는 표준화가 중요한 것으로 보였을 것이다.

1927년의 사람들은 바이센호프지들룽에서 다음의 세 가지를 볼 수 있었고, 그로부터 미적 감동을 받았다.

1) 새로운 미학의 추구
2) 기능주의
3) 표준화

그들의 새로운 미학을 대표하는 백색의 빈 벽, 생활 용도에 맞춘 기능적 공간 구성, 표준화된 공간 구성을 눈앞에 두고 현대인들은 감동하지 않는다. 하지만 1927년 바이센호프지들룽의 당대인들은 감동했다. '왜 혹은 어째서 그럴 수 있었을까'라는 의문이 든다.

같은 것을 보고도 감흥이 다른 데에는 두 가지 이유가 있다고 말했다. 같은 것에서도 다른 부분을 보고, 부여하는 가치가 다를 수 있기 때문이다. 지금까지 보이는 것에 관해 얘기했다. 그렇다면 현대인들과 달리, 당대인들은 바이센호프지들룽에 어떤 가치를 부여했던 것일까?

흄에서 칸트로, 그 안의 플라톤

흄으로 움직였던 시계추가 다시 칸트로 옮겨 간다. 콜에서 또다시 뒤랑이다. 건축 양식의 변화로 보자면, 절충주의에서 모더니즘 건축으로의 진화다. 바이센호프지들룽에서 보이는 모더니즘 건축의 특징은 앞서 말한 세 가지로 요약된다. 결과론적 입장에서 보면 별것 아닌 것 같은 이 요인들은 절충주의 건축 시기에는 절대로 상상할 수 없었던 것이라는 점을 염두에 두어야 한다. 1900년을 돌아 나오면서 모더니즘 건축이 시작될 때 어째서 그들은 과거 사람들이 상상하지 못한 일들을 하게 되었을까?

로마네스크에서 고딕으로, 고딕에서 르네상스로, 르네상스에서 바로크로, 이 모든 변화는 새로운 미학을 반영한다. 새로운 미학을 반영한다는 말이 마음에 안 든다면 이렇게 바꿔도 된다. 좋아하는 형태가 달라졌다고. 절충주의에서 모더니즘 건축으로의 변화도 결국 좋아하는 형태가 달라진 것이다. 이렇게 보면 같다. 하지만 이 둘 간에는 큰 차이가 있다. 전자는 우연히 그렇게 된 것이고, 후자는 의도적으로 변화를 지향했다는 점이다. 로마네스크에서 고딕, 고딕에서 르네상스로, 르네상스에서 바로크로의 변화는 어찌하다 보니 그렇게 된 것이다. 그런데 절충주의에서 모더니즘 건축으로의 변화는 의지가 반영된 것이다. 모더니즘 건축은 새로운 미학을 의도적으로 추구했다는 말이다.[102]

모더니즘 건축 이전, 사람들은, 특히 건축가나 예술가들은 미가 물체에 숨어 있다고 생각했다. 물리적 형상을 통해 우리 눈에 보이게 구현된 미는 비례의 방식으로 존재한다고 믿었고, 숨겨진 미는 비례를 통해 찾아낼 수 있다고 믿었다. 이런 전통적인 미의식은 칸트를 거치며 많이 변화한다. 미의 기준은 물체에 구현된 것이 아니라 인간의 마음 구조에 자리 잡고 있다는 것이 그의 생각이다. 이제 미는 인간의 외부에 존재하는 물체에서가 아니라, 인간의 마음 구조에서 찾아야 하는 것이 됐다.

칸트는 인간의 마음에는 일정한 구조가 있다고 주장한다. 사람들은 외부 물체를 질·양·양태·관계라는 구조로 이해한다고 한다.[103] 이런 구조는 개인별로 차이가 없다고도 주장한다. 이런 칸트의 주장은 받아들여졌다. 이로부터 미는 물체가 아닌 사람의 마음에서 찾아야 하는 것이 된다. 여기서 한 번 더 강조할 부분은 미를 수용하고 판단하는 구조가 동일하므로 사람들은 미를 공유할 수 있다는 칸트의 주장이다. 미적 판단을 가능하게 하는 칸트의 커먼 센스 개념은 이렇게 해서 탄생했다.

모더니즘 건축 시기에 들어, 미의 기준을 새롭게 세우고자 하는 시도는 이런 맥락에서 가능해진다. 과거의 양식, 즉 절충주의까지는 미가 물체에 있다고 생각하고 그것을 찾으려 했다면, 모더니즘에서는 인간 마음의 구조에서 미를 찾을 수 있다고 생각했다. 흔히 얘기하는 칸트의 코페르니쿠스적 전회가 건축 미학에서도 일어난 셈이다. 과거의 미학과는 다른 미학을 찾는 모더니즘 건축은 칸트에 의해 길이 열렸다.

이제 두 번째, 기능주의에 관해 얘기해 보자. 모더니즘 건축은 흔히 기능주의 건축이라고도 한다. 하지만 기능주의가 새로운 미학을 도입하고자 했던 의도와 완전하게 겹치는 것은 아니다. 기능주의의 도입이 새로운 미학을 건설하는 데 도움이 될 수 있었고, 새로운 미학의 추구가 기능주의의 추구를 가능하게 만든 면은 있지만 그렇다고 둘이 같은 것은 아니다. 기능주의는 모더니즘 건축의 주요 원리 중 하나라고(전부가 아니라) 이해해야 한다. 그러면 이제 기능주의가 어떻게 해서 모더니즘 건축의 주요 원리가 될 수 있었는지를 살펴보자.

모더니즘 건축이 기능에 눈을 뜨게 된 것은 매우 현실적인 이유에서다. 과거에는 없던 새로운 용도의 건물이 요구됐다. 공장이 가장 대표적인 사례다. 이렇게 전에는 없던 용도를 만들자면 그 건물이 수행해야 할 기능을 탐구해야만 한다. 그리고 그 기능이 실현되도록 공간 구조를 디자인해야 한다. 여기까지는 그저 '기능에 충실해야 한다' 정도로 족하다. 하지만 기능'주의'가 되려면 한 단계가 더 필요하다.

기능주의 입장에서 자동차를 만드는 공장을 어딘가에서 공간으로 구현, 즉 설계했다고 하자. 그리고 그 공장이 필요대로 잘 돌아가고 있다고 해보자. 누군가 다른 곳에서 같은 자동차를 만든다고 할 때 그 공장을 모범으로 자신의 새 공장을 짓고자 할 거다. 그의 이런 태도는 합리적이다. 물론 더 좋은 구조가 있을 수도 있겠지만, 전례가 여럿 있는데 모두 잘 작동하고 있다면 그것을 따라(모방)하는 것은 매우 합리적인 선택이다.

달성해야 할 목표, 즉 기능을 구현하는 방법의 특징은 그 방법이 시간과 공간을 가리지 않는다는 점이다. 불특정한 장소나 시간에도 유효한 방법이라면 언제 어디서나 유용한 방법이라고 할 수 있다. 건축에서 기능주의는 시간과 공간을 불문하고 적용될 수 있는 방법론으로 작동한다. 이쯤 되면 자연스럽게 뒤랑이 떠오른다. 뒤랑이 설계 방법론을 제시했던 이유, 그리고 그 배경 역시 여기서도 동일하게 적용된다. 계몽주의다. 인간이 이성을 활용해 찾아낸 정답이 언제 어디서나 정답일 수 있다고 믿게 해준 계몽주의가 건축의 기능'주의'를 가능하게 했다.

이제 세 번째, 표준화를 얘기해 보자. 모더니즘 건축의 특징, 특히 바이센호프지들룽에서 보이는 건축의 특징에는 표준화가 포함된다. 표준화는 어떤 면에서는 기능주의가 최대로 적용될 때 나타나는 현상이라고 볼 수 있다. 옷을 가장 편하게 만들자면 착용자의 활동 유형을 알아야 할 것이다. 그래서 그 행동을 가장 편하게 수행할 수 있는 옷을 만든다면 그게 바로 기능주의다. 예를 들자. 달리기를 하고 싶다. 달리기에 가장 적당한 옷을 만들고 싶다. 왕이 입고 있는 의전용 옷을 입고서는 제대로 뛸 수 없다. 몸에 딱 맞아야 하고, 신축성이 있으면 좋다. 그렇게 만든다. 착용자의 키가 제각각이니 각자에 맞추어 옷을 만든다. 여기까지는 기능주의다.

맞춤복이 아니고, 기성복이라고 생각해 보자. 운동복을 요구하는 사람이 많다면 당연히 맞춤복보다는 기성복을 제작하는 편이 효율적이다. 기성복을 만들 때는 센티미터 단위로 다양하게 만들 수는 없다. 그렇게 하면 입는 사람은 좋겠지만 비용이 더 들어간다. 그래서 생산자는 소비자가 조금은 불편하더라도 제공하는 옷의 치수 체계를 넓게 잡는다. 5센티미터나 단위나 10센티미터 단위로. 이러면 표준화다.

왕궁이나 성당을 짓고자 한다면 이건 맞춤복이다. 이것과 똑같은 건물을 다른 곳에, 다른 시간에 지을 것을 염려하지는 않는다. 딱 그거 한 채만 제대로 지으면 된다. 현대에 들어오면 건축도 기성복의 시대가 열린다. 주택을 생각해 보자. 수많은 주택이 필요하다. 이런 경우라면 기성복이 효과적이다. 도시를 가득 채우고 있는 상가 건물도 마찬가지다. 학교도 그렇다. 유사하게 다수의 건물을 지을 필요가 점점 더 커졌고 여기에 대응하려면 표준화가 가장 효과적이다. 표준화는 또 다른 장점도 있다. 이미 말한 것처럼, 다수의 심미안을 일시에 향상하는 데도 효과적이다.

표준화는 도덕적으로 타당한가? 표준화는 전체의 이익을 위해 일부의 이익을 희생한다. 다시 옷을 예로 들어보자. 옷을 기성복으로 팔 때 평균적인 키를 전제로, 그 범위 안에서 몇 개의 치수를 만든다. 이렇게 되면 키가 매우 크거나 작은 사람은 자신에게 맞는 옷을 구할 수 없다. 그런 사람이라면 몸에 맞지 않는 옷을 수선해 입는 품을 들여야 한다. 표준화는 모두가 다 행복해지는 방법은 아니다. 그럼에도 표준화는 성행한다. 누군가를 불행하게 만듦에도 표준화가 통용되는 이유는 무엇인가? 공익이다. 전체의 이익을 말한다. 자원은 무한하지 않다. 언제나 제한된 자원을 효과적으로 배분해서 사용해야 한다. 이때 배분 기준으로 흔히 동원되는 것이 전체의 이익이다. 부분적으로 일부의 이익에 반하더라도 전체의 이익이 크다면 그것을 선택하는 것이 정당화된다. 공리주의가 건축에 적용되면 표준화가 탄생한다.

물론 이런 경향은 현대에 들어서는 좀 덜하다. 하지만 바이센호프지들룽이 건설되던 1927년을 생각해 보자. 그때는 제1차 세계대전으로 인해 주택을 포함한 많은 건물이 파괴되었다. 당시에 가장 중요한 것은 더 많은 집을 더 많은 사람에게 제공하는 것이었다. 그러자면 표준화는 정의(justice)가 된다.

1927년의 바이센호프지들룽은 모더니즘 건축의 전형을 보여준다. 새로운 미학의 창조에 몰두한 시제션도 나름 모더니즘이라 할 수 있고, 루이스 설리번(Louis Sullivan)으로 대변되는 미국의 기능주의 건축도 모더니즘이라고 할 수 있다. 하지만 이들은 모더니즘 건축의 특징을 부분적으로 구비하고 있을 뿐이다. 바이센호프지들룽에 와서야 우리는 완성형으로 진화한 모더니즘 건축을 발견할 수 있다. 1927년 당대인의 눈에 씌여 있던 것이 드러났다. 칸트의 커먼 센스, 계몽주의 그리고 공리주의다.

여기까지만 보면, 건축에서 더 이상 플라톤이나 아리스토텔레스가 거론될 이유가 없을 것 같다. 모더니즘 건축에는 이데아도 없고, 모방도 없으니 그렇다. 그런데 플라톤의 이데아와 아리스토텔레스의 모방을 조금만 변형시켜 보면 모더니즘 건축에서도 둘은 여전히 살아 있음을 알게 된다. 이제 그 변형을 해보자.

플라톤의 이데아는 분명 존재하나 보이지 않는 이상적인 '그것'이다. 플라톤의 주장에 따르면 현실 세상에 존재하는 것들은 '그것'의 그림자다. 이제 예술이 끼어든다. 현실 세상에 존재하는 것을 만들어내는 예술은 '그것'을 재현해야 한다. '그것'은 하나의 원리로서 존재한다. 인간이 그 원리를 어떻게 파악하는지는 플라톤도 모른다. 이데아에 대한 플라톤의 설명은 어이없어 보이기까지 한다.[104] 다만 그도 '그것'을 정의하는 원리가 있다고 믿을 뿐이다. 이런 믿음의 대상을 당연한 것으로 전제하고, 그것을 추구하는 것이 예술과 관련된 플라톤 주장의 요체다. 이제 그 원리의 자리에 이데아라는 이름으로 불리는 것 대신에 기능을 집어넣어 보자. 모더니즘 건축에서 기능은 시간과 공간을 초월하는 원칙이기에 이데아의 자리를 차지하는 것이 가능하다. 건축이라는 예술은 기능을 재현한다. 그리고 그런 노력에는 기능주의라는 이름이 자연스럽게 붙는다. 이런 맥락에서 보자면 모더니즘 건축은 또다시 플라톤의 부활이다.

유럽의 새로운 미학은, 미국에서 수입된 기능주의를 장착하고, 현실적인 요구에 맞닥뜨리면서 표준화의 옷을 걸치고, 미국으로 수출되었다. 이때 무역상은 필립 존슨(Philip Johnson)과 헨리-러셀 히치콕(Henry-Russell Hitchcock)이다.[105] 이들에 의해 모더니즘 건축은 국제주의 양식으로 진화한다. 국제주의 양식은 제2차 세계대전 이후 전후 복구라는 현실적인 필요성에 미국의 해외 원조 사업이 맞물리면서 국제주의라는 이름 그대로 국제적인 양식이 된다. 존슨과 히치콕이 국제주의라는 이름을 붙이며 머릿속에 떠올린 건 다만 유럽과 미국을 아우르는 정도에 그쳤을 테지만, 그것이 아시아와 아프리카의 이름 모를 도시까지 퍼져나갈 것이라곤 상상조차 못 했을 것이다. 이 정도면 건축의 추가 플라톤의 정점에 다다른 것 같지 않은가?

이제 정점에 도달한 추는 반대 방향으로 움직이기 시작한다.

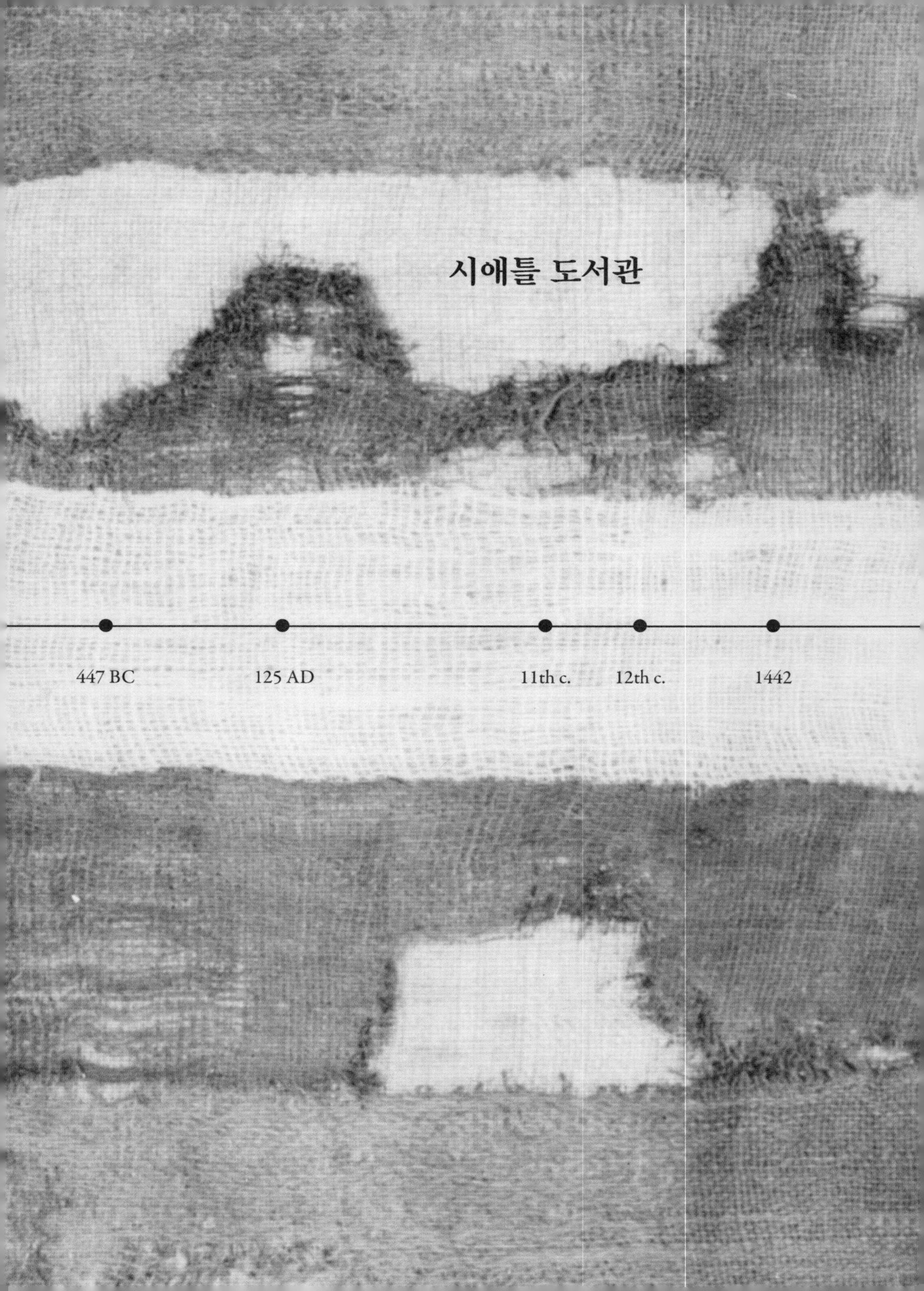
시애틀 도서관
447 BC
125 AD
11th c.
12th c.
1442

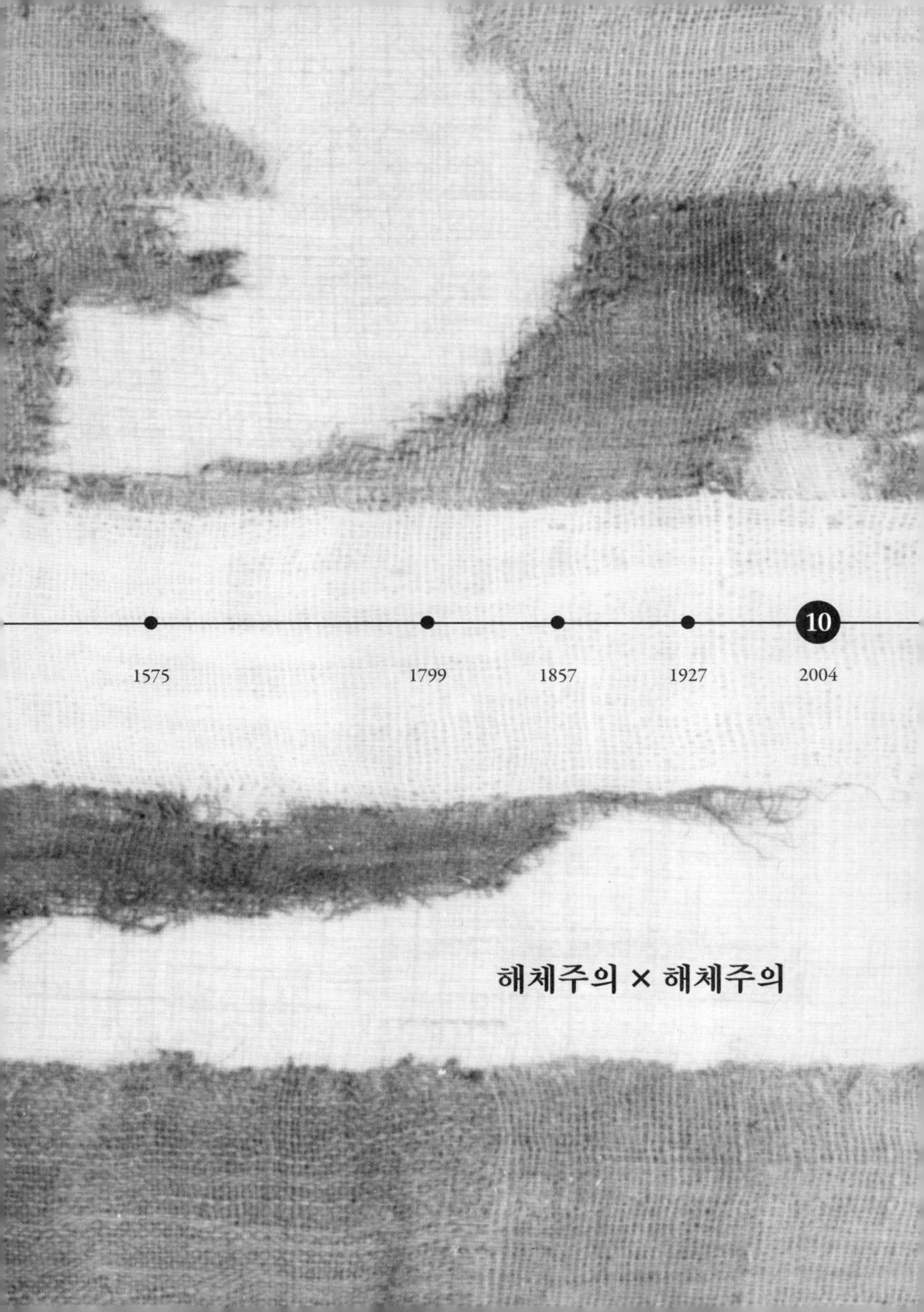

해체주의 × 해체주의

직육면체·구·원·삼각형도 아닌 형태

시애틀에 가면 특별하게 생긴 건물을 마주할 수 있다. 그게 얼마나 생소한 것인지, 전에 못 본 것인지는 간단하게 증명된다. 생김새를 누군가에게 말로 설명해 보면 된다. 친구와 그 건물 앞에서 만나기로 했다. 친구에게 전화로 설명해 줘야 한다. 이러저러하게 생긴 건물이 있으니, 그 앞에서 만나자고.

건물 생김새를 설명하기 위해 건물을 자세히 살펴보아도 도통 요령부득(要領不得)이다. 우리가 건물 모습을 설명할 때는 대개 두 가지 방법을 쓴다. 하나는 예전에 있었던 유명한 건물을 빗대 설명할 수 있다. 다른 하나는 정규 교육을 받은 사람이라면 누구나 알 수 있는 기하 형상을 이용하는 방법이다. 직육면체·구·피라미드 같은 것들이다.

이 두 가지 방법 모두 시애틀 도서관(The Seattle Public Library)엔 적용하기가 어렵다. 예전 건물 중 시애틀 도서관과 비슷한 것을 찾기는 불가능에 가깝다. 기하 형상을 이용해서, 직육면체 위에 피라미드를 얹은 모양이라는 식으로 설명하는 것도 불가능하다. 사정이 이렇다 보니 딱 한 가지 방법이 남아 있다. 그저 이상하게 생긴 건물이라고 표현하는 것이다.

시애틀 도서관의 형상을 설명하자면 첫 번째 방법은 아예 쓸모가 없다. 비슷하게 생긴 유명한 건물을 찾는 것은 불가능하다. 그나마 두 번째 방법이 쓸모가 좀 있다. 기하 형상 자체만으론 어렵지만, 그런 형상에 변형을 가하는 방식으로는 설명이 된다. 변형은 두 가지 방법으로 가능하다. 하나는 찌그러뜨리기이고, 다른 하나는 조각하기다.

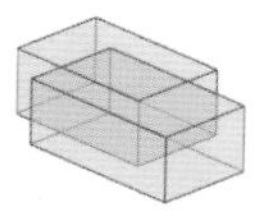

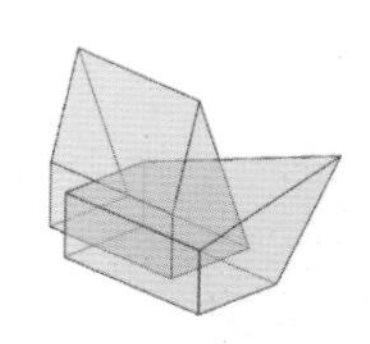

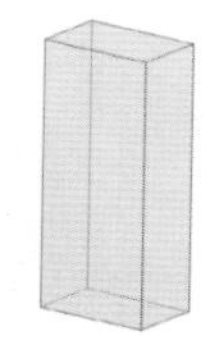

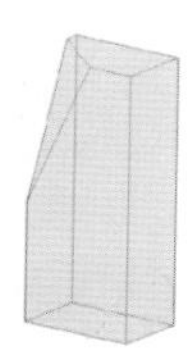

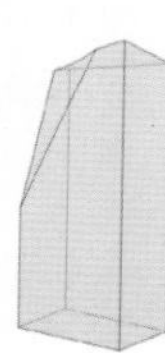

시애틀 도서관 전경

찌그러뜨리기와 조각 방식으로 형상 만들기

찌그러뜨리기 방법으로 설명한다면 이런 것이 된다.

"납작한 직육면체 몇 개를 샌드위치처럼 쌓아놓은 후, 그중 일부를 찌그러뜨린 모양이다."

조각의 방법으로 설명하자면 이렇게 된다.

"납작한 직육면체들을 쌓아놓고 부분적으로 칼로 잘라낸 모양이다."

이런 방법을 택한다면 형상을 정확하게 설명하고자 하는 만큼 난해한 설명이 된다. 아니 이해는 한다손 쳐도 그 형상을 상상하기가 어려워진다. 예를 들어 설명이 이렇게 되기 때문이다.

"직육면체의 긴 변에서 시계 방향으로 5도만큼 기울고, 바닥 면에서 가로 방향으로 2도, 세로 방향으로 8도 기울어진 면으로 잘라낸다."

형태를 가장 정확히 설명하는 덴 성공했다. 하지만 인간이라면 그런 형상을 구체적으로 상상해 내는 것은 불가능하다. 앞으로 논의하겠지만, 우선 시애틀 도서관의 형상과 관련해 두 가지만 기억하고 넘어가자. 하나는 직육면체라는 기본 형상을 사용했다는 것, 그리고 다른 하나는 설명이

시애틀 도서관의 외관

구체적이면 구체적일수록 상상은 더 어려워진다는 것.

이번엔 내부 형상을 보자. 내부는 흔히 방이라고 부르는 단위 공간으로 채워져 있다. 우리가 통상적으로 보는 방은 어떤 모양인가? 직육면체 아니면 구 혹은 반구형이다. 때로 경사 천장을 사용한다면 삼각형이다. 직육면체·구·반구, 게다가 삼각형까지 있다면 그것만으로도 충분히 다양한 형태를 구현할 수 있다고 생각할지 모른다. 그 생각은 맞다. 충분히 다양하다. 그러니 인류가 집을 짓고 살기 시작한 이후 일만 년 가까이 그런 형상에 만족하고 살았지 않겠는가.

뒷 페이지의 사진을 보자. 시애틀 도서관의 내부에서는 이런 방을 찾아볼 수 없다. 구획된 단위 공간은 있는데, 그 단위 공간의 경계가 직육면체·구·원·삼각형도 아니다. 건물 내부 방의 경계 형상을 설명할 때도 외관을 설명할 때와 똑같은 방법에 의존할 수밖에 없다. 찌그러뜨린 모양이다. 아니면 잘라낸 모양이다. 이렇게 설명할 수밖에 없다.

사람이 직육면체의 방에 있거나, 구 안에 있을 때와 경계의 형태를 인지하기 어려운 방에 있을 때 느끼는 감각은 다르다. 전자의 경우라면, '아! 내가 들어 있는 방이 직육면체구나' 혹은 '구 형태구나'라고 생각할 것이다. 경계가 불분명한 방에 있는 상태라면? 우리의 생각과 감정도 달라진다. 이에 대해 곧 자세하게 설명하겠지만, 여기서 당장 짚고 넘어가야 할 것은 경계가 불분명한 방에서는 무엇을 해야 할지 모르겠다는 혼란을 겪기도 하지만, 반대로 그만큼 더 자유로워지는 느낌도 생긴다는 점이다.

시애틀 도서관의 형상을 보았으니 이제 그 내용물을 보자. 입구를 들어서면 에스컬레이터가 있다. 여기까진 별로 특별할 것도 없다. 그런데 찬

시애틀 도서관 로비 리빙룸

찬히 둘러보다 이내 눈이 닿는 곳이 있다. 1층에서 시작된 에스컬레이터가 3층에 가서 닿는다. 2층이 아니다. 기능 프로그램의 구성이 통상적이지 않다. 꼭 그래야 할 이유가 있는가? 아니다.

기능 프로그램은 이런 것이다. 이 건물에는 이런저런 종류의 방이 몇 개 필요하다. 각 방에 요구되는 적정 규모의 면적이 있고, 이들은 특정한 방식으로 연결되어야 한다. 이때 중요한 것은 가장 짧은 이동 거리로 연결되어야 한다는 점이다. 이런 면에서 1층과 3층을 직접 연결하는 방식도 매우 특이하다.

3층에 도착하면, 이곳이 통상적으로는 로비 역할을 하는 공간이라는 사실을 알게 된다. 일반적인 도서관에도 로비 공간은 항상 있다. 그런데 시애틀 도서관의 로비에는 '리빙룸'이라는 이름이 붙어 있다. 사람들이 아주 제집 안방처럼 사용하고 있다. 기존 도서관이라면 로비 인접 공간은 사전이나 잡지류를 보는 곳으로 계획한다. 전체적인 분위기는 대체로 다른 사람을 배려해서 행동거지를 정숙하게 하라는 메시지를 보낸다. 하지만 시애틀 도서관의 리빙룸은 다르다. 편하게 행동하라는 메시지를 보낸다. 시애틀 도서관에는 있는 리빙룸은 기존 도서관의 기능 프로그램에는 포함되지 않는 용도다.

우리는 시애틀 도서관에서 이처럼 색다른, 즉 통상적인 도서관과는 다른 형태와 기능 프로그램을 만나게 된다. 이때 우리가 받는 경험은 낯설음도, 자유로움도 아니다. 그보다는 의아한 느낌이다. 다만 그 느낌이 우리를 속박하지 않는다는 것은 잘 안다. 이제 그 정체불명의 감각이 무엇인지, 어떤 이유로 도서관을 이렇게 설계한 것인지 알아볼 시간이다.

배제된 기능적 요구와 표준화

이제껏 우리는 과거의 건물들을 바라보는 현대인과 당대인의 시각이 달랐다고 상정하고 그 차이를 들여다보았다. 그런데 여기서 그런 구도는 부적절하다. 우리의 눈과 건축가 렘 콜하스(Rem Koolhaas)의 눈의 차이에 초점을 맞춰야 한다. 우리 눈과 그의 눈에 보이는 것이 다르다.

우선 형태부터. 찌그러진 직육면체. 보통 사람들 눈에 찌그러진 직육면체는 '직육면체 같은데 그렇다고 딱히 직육면체도 아닌 저것은 뭐지?'라는 의문을 떠올리게 만든다. 콜하스의 눈에도 그렇게 보일까? 콜하스의 눈에는 찌그러진 직육면체는 그저 하나의 형상이다. 직육면체를 기준 삼아 그와 어떻게 다른지 혹은 어떤 변형을 거쳤는지와 같은 시각으로 접근하지 않는다. 둘의 차이가 느껴지는가? 콜하스는 시애틀 도서관에서 그냥 '그' 형상을 본다는 얘기다. 우리는 직육면체라는 틀을 가지고 대상을 본다. 대상이 틀에서 얼마나 벗어나고 있는가에 초점을 맞춘다. 반면, 콜하스에게는 그런 틀이 없다. 틀 없이 그냥 눈에 보이는 형태 그 자체를 본다.

통상적인 직육면체에서 벗어난다는 것이 중요한가? 중요하다. 그게 왜 그리도 중요한지를 알려면 역시 모더니즘 건축을 되짚어야 한다. 기억을 더듬어보자. 모더니즘 건축은 세 가지 가치를 추구했다. 새로운 미학·기능·경제성. 그래서 모더니즘 건축가들은 장식 없이 아름다운 형태를 추구했고, 동선을 최소로 하는 평면 구성에 집중했으며, 경제성을 확보하기 위해 표준화를 받아들였다.

이 세 가지 요구에 가장 잘 맞아떨어지는 형태가 직육면체였다. 단순함에서 비롯되는 미감을 직육면체에서 찾아냈다. 이런 미감은 흔히 미니멀리즘이라는 단어로 포장되어 불리기도 한다. 직육면체를 끼워 맞추는 것은 동선을 짧게 하는 데도 효과적이었다. 직육면체가 가장 빛을 발하는 순간은 역시 표준화에 가장 유리하다는 점이었다.

위와 같은 이유로 모더니즘 하면 누구든 머릿속에 직육면체의 조합을 떠올린다. 이런 모더니즘이 국제주의라는 이름을 얻어 미국 전후 복구 사업의 일환으로 전 세계로 퍼져나가면서 직육면체는 현대 건축을 대표하는 형태가 되었다. 마치 직육면체가 유일한 정답인 양 받아들여졌다. 이 정답은 시공을 초월해 언제, 어디서나 적용할 수 있는 정답이 되었다.

사실 직육면체는 그저 하나의 선택일 뿐이었다. 꼭 직육면체여야 하는 것은 아니었다. 전후 복구 사업이 한창일 무렵 직육면체 선호에는 정당성이 있었다. 그런데 상황이 변하면, 다시 말해 직육면체가 최적의 선택이 되게 한 조건에 변화가 생긴다면 그 선호의 타당성과 정당성을 의심해 볼 필요가 있지 않겠는가? 하지만 대다수의 많은 건축가는 관성에 매몰되어 있었고, 타성에 젖어 있었다. 직육면체의 정당성을 의심해 볼 능력은 있었지만 그러지 않았다. 물론 모두가 그런 것은 아니다. 일부 건축가들은 직육면체의 정당성을 의심하기 시작했고, 다른 대안을 찾기 시작했다. 콜하스는 그 일부에 속한다.

대안 방향은 네 가지로 요약해 볼 수 있다.[106] 첫 번째는 직육면체도 예쁘게 쌓으면 아름답다는 입장이다. 리처드 마이어(Richard Meier)가 대표적이다. 두 번째는 직육면체를 삐뚤빼뚤하게 쌓는 방법이다. 직육면체의 미감은 살리되, 기능적이어야 한다는 조건과 표준화라는 조건은 버린다. 간단히 말하자면 기능을 버리고, 표준화를 버려서 직육면체에 새로운 미감을 부가하겠다는 얘기다. 피터 아이젠만(Peter Eisenman)이 대표적이다. 세 번째는 직육면체를 찌그러뜨리는 방법이다. 이것 역시 기능적 요구와 표준화는 버렸다. 공사비가 훨씬 더 비싸진다는 얘기다. 그 대가로 직육면체에 새로운 미감을 부가할 수 있기를 바랐다. 이런 부류의 대표 중 하나는 건축 그룹 쿱 힘멜블라우(Coop Himmelb(l)au)다. 네 번째는 직육면체에서 완전히 벗어나 새로운 형태를 이용하려는 방법이다. 이 부류들은 대신 곡면을 택했다. 모더니즘 초기의 조건 세 가지를 미련 없이 모두 버렸다. 곡면에서 새로운 미학을 찾았다. 두세 번째 조건도 모두 다 잊기로 했다. 공사비가 훨씬 더 들지만 세상이 변했다. 비싼 돈을 주더라도 특별한 건물을 짓고 싶어 하는 수요가 충분하게 형성되었기 때문이다.

이 같은 맥락에서 콜하스는 세 번째에 해당한다. 직육면체를 찌그러뜨리기로 한 것이다. 두 번째까지는 직육면체를 좀 다르게 사용해 보고자 시도하는 반면, 세 번째는 직육면체 자체에 변형을 가한다. 일종의 직육면체 해체다. 콜하스의 작업에서는 직육면체를 해체하고자 의도가 보인다. 그가 직육면체를 해체하는 방법은, 간결하게 말하자면 직육면체라는 틀을 머릿속에서 지우는 것이다.

두 번째로 경계가 불분명한 방에 관해 얘기해 보자. 여기서 우리는 또다시 '이게 뭔가?'라는 의문을 품게 하는 대상을 본다. 콜하스의 눈에는 다르게 보인다. 우리는 시애틀 도서관의 방을 볼 때, 일정한 틀을 통해 거기에 겹쳐 본다. 사각형이나 원형 같은 것들이 틀이다. 이 틀에서 벗어난 방을 보게 되니, '이게 뭔가?'라는 의문을 가지게 된다. 우리가 흔히 알고 있는 방, 사각형 경계의 방 혹은 원형 경계의 방은 콜하스에 의해 해체된다. 방법은 외부 형태를 해체하는 것과 동일하다. 그는 방이라면 당연히 이러저러해야 한다는 틀을 그의 머릿속에서 지운다.

이제 우리의 관심은 리빙룸이라는 이름으로 불리는 로비 공간이다. 여기서도 우리는 무엇을 보는가? '이게 뭔가?'라는 의문이 생긴다. 이런 이유는 전통적인 도서관 로비를 머릿속에 하나의 틀로 담고 있기 때문이다. 콜하스는 이런 틀을 해체한다. 방법은 여기서도 같다.

시애틀 도서관에서 콜하스는 전통적인 도서관의 해체를 본다. 내외부 형태와 프로그램에서. 이제부터 그가 해체에 몰두한 이유를 알아보자.

아리스토텔레스의 주장은 여전히 유효하지만

밀레니엄 스타 뉴턴의 대성공 이후 인간의 이성은 신성에 맞먹는 지위를 확보했다. 때로 신성을 넘어서기도 했다. 어떤 영역에서 신은 이미 불필요해졌다. 신보다는 오히려 인간이, 인간의 이성이 더 잘 작동했다.

1750년경 인간의 이성이 이룩해 놓은 일은 많고 별다른 부작용도 없어 보이는데, 벌써 이성의 한계나 문제점에 대해 눈을 뜨기 시작한 이들이 나타났다. 칸트와 흄을 두고 하는 말이다. 데카르트와 베이컨으로부터 불과 백 년이 조금 넘는 시간 동안 이성의 한계를 스스로 반성하기 시작했다. 이런 걸 보면 참으로 이성이 위대하다는 생각이 들기도 한다. 이성의 부작용이 드러나기 전에 그 한계를 적시하고, 조심해야 한다고 생각하게 되었으니 말이다.

현대의 많은 철학자가 이성 비판을 업으로 삼고 그 덕에 생계를 이어가고 있지만, 이들이 이러는 이유는 현실에서 이성의 폐해를 목격했기 때문이다. 다시 한번 강조하지만 칸트나 흄은 현대 철학자들이 몸서리치는 두 차례 세계대전과 홀로코스트 그리고 극단적 자본주의로 인한 타락을 경험하기 전의 인물들이다.

칸트와 흄에 의해 인간 이성의 한계가 드러난 후 철학자들의 반응은 크게 세 가지로 나뉜다. 첫 번째는 이성에는 한계가 있지만 잘 고쳐 쓰면 된다는 입장이다. 이런 계열에 독일 관념론[107]과 칼 포퍼[108], 그리고 현대에서는 하버마스[109]가 대표적이다. 건축은 이에 대해 레이트 모더니즘으로 반응했다.

두 번째는 이성에 대한 회의다. 시공을 초월해 단 하나의 정답을 주장하는 이성을 의심한다. 문제에 대한 답은 둘 셋 혹은 그 이상도 있을 수 있다고 생각한다. 포스트모더니즘 철학자들이 이런 부류다. 이들은 정답과 오답으로 구분되는 이분법적 접근을 부인하고, 정답과 오답 사이를 차이라는 말로 채운다. 이들의 말장난으로 이제 오답은 정답과는 다른 차이가 있는 또 하나의 해법으로 재평가된다. 건축에서는 이에 대해 포스트모더니즘 건축으로 반응했다.[110] 역사주의 양식의 건축 요소를 마구, 함부로 가져다 쓴 마이클 그레이브스(Michael Graves)가 대표적이다. 다른 사례도 있다. 철학자들이 가장 좋아하는 사례.[111] 로버트 벤투리(Robert Venturi)는 적어도 건축 분야에서라면 우리의 너저분한 일상에서도 정답을 찾아낼 수 있다고 주장한다. 전혀 아름다워 보이지 않는 라스베이거스의 일상에서 벤투리는 기존의 정답과는 차이가 있는 또 하나의 답을 찾아내는 데 성공했다.

세 번째는 이성에 대한 혐오다. 이들은 이성을 혐오한다. 왜 이들이 혐오할 수밖에 없는지는 사실 간단하게 설명된다. 차별이 아닌 차이를 주장하는 순간 그저 다를 뿐이라던 차이는 또다시 차별이, 도그마가 된다. 뭐든 이렇다고 딱 부러지게 주장한다면 그건 또 다른 차별이 된다. 이런 악순환의 고리에서 벗어날 수 있는 일은 그저 혐오하는 방법밖에 없다.

그들이 택한 혐오 방법은 이성을 해체하는 일이다. 그 해체는 도대체 어떻게 가능해지는가? 이성이라는 것이 작용하기 위한 필수 요소는 언어다. 언어를 통해 인간들 사이에 의견 소통이 일어나지 않는다면 이성은 작용하지 않는다. 그래서 언어는 필수적이다. 많은 철학자는 그래서 언어에 관심을 두었다. 하지만 언어를 분석해 보던 그들은 이내 언어는 진리를 찾아내거나 오류 없이 의도를 전달할 수 있는 도구가 되기 어렵다는 것을 발견했다.

페르디낭 드 소쉬르가 문을 열었고, 그 뒤를 이어 루트비히 비트겐슈타인[112]이, 그리고 질 들뢰즈[113]가 한 자리를 차지했다. 비트겐슈타인과 들뢰즈 사이에는 차이가 있다. 비트겐슈타인이 언어를 너무 믿지 말자고 했다면, 들뢰즈는 언어를 사용하는 다른 방법을 보여준다. 이로써 해체주의 철학자들에 의해 언어가 해체되었다.

이성에 대한 혐오로 시작한 해체주의에 대해 건축도 해체주의로 반응한다. 그런데 여기서 반응이라는 말이 조금 부적절할 수도 있다. 반응이라면 철학에 의해, 철학에 영향을 받아서 뭔가를 하게 되었다는 의미가 강하다. 그보다는 동시 발생적이다, 평행하다고 표현하는 것이 더 적확할 수 있겠다.

콜하스는 모더니즘 건축이 제시한 진리 체계를 혐오한다. 마이어나 아이젠만처럼 고쳐 쓸 수 있다는 입장이 아니다. 고쳐 써봐야 그것 역시 또 하나의 억압 체제임이 분명하기에 그렇다. 한편, 벤투리나 게리처럼 또 다른 대안을 제시할 수도 없다.[114] 새로운 제안은 또 다른 억압 체제가 될 것이기에 그렇다. 그러면 남은 방법은 들뢰즈처럼 해체하는 것이다. 콜하스는 모더니즘 건축의 진리 체계를 해체한다.[115]

우선 형태적으로 직육면체를 해체한다. 형태에 대한 해체는 안팎으로 동시에 진행된다. 내부에서 시도된 해체는 특별한 결과를 낳는다. 경계 인식을 어렵게 만드는 내부 공간의 해체는 그 누구도 그 공간의 유일한 주인이 되는 것을 허용하지 않는다. 직육면체의 방 혹은 구 형태의 공간이라면 그 안에서 주인 자리가 어디인지, 자신은 어디에 있는지 정확히 지시할 수 있다. 하지만 콜하스의 내부 공간에서는 그 누구도 주인 자리를 파악할 수 없다. 또한 자신이 어디에 있는지를 정확하게 지시하는 것도 불가능해진다. 주인 되기를 포기해야 한다. 그렇다고 해서 아쉬워할 필요는 없다. 모두가 손님이면 된다. 누구도 골목대장처럼 굴지 않는다. 모두가 다 같이 편안하길 바란다면 자비로운 공간의 지배자가 모든 것을 조율해 주기를 기대하는 것보다는 모두가 손님이 되는 것이 오히려 더 효과적인 방법이다.

다음 해체 대상은 건물의 기능이다. 콜하스는 전통적인 도서관의 프로그램을 해체한다.[116] 그에 의해 도서관은 이제 도시의 거실로 재탄생한다. 하지만 주의할 것이 있다. 도서관이 도시의 거실로 완벽하게 재탄생해서도 안 된다. 그건 해체가 아니라 또 다른 모더니즘적 기획이다. 도서관의 기능은 전통적인 기능이 해체된 정도에서 모호하게 머물러야 한다. 단지 도시의 거실로 쓰일 수도 있을 뿐이다. 시애틀 도서관이 그렇다.

시애틀 도서관을 설계한 콜하스의 눈에 쓰인 것은 '해체주의 철학의 해체'라는 색안경이었다. 중요한 것, 그리고 책 전반에 걸친 여정을 통해 모든 장 말미에 다시 한번 강조할 것은 콜하스와 같은 시도들이 용인 또는 격려되는 것이 아리스토텔레스의 예술론 덕이라는 점이다. 건축이라는 예술 분야에서 아리스토텔레스는 여전히 살아 있다. 물론 아리스토텔레스의 모든 말이 여전히 유효하지는 않다. 그러나 플라톤이 주장하는 이데아의 세계를 인간이 온전히 이해하거나 포착하는 것은 불가능한 반면 이데아를 향해 갈 수 있다는, 그리해야 한다는, 그래서 이루어지는 시도가 의미 있다는 아리스토텔레스의 주장은 건축적으로 여전히 유효하다. 그렇다고 해서 플라톤이 부정되어야 하는 것은 아니다. 플라톤과 아리스토텔레스라는 두 항은 어느 방식이 옳고, 그르냐의 문제가 아니고, 단지 상황에 따른 선택의 문제일 뿐이다.

현대 건축의 추는 아리스토텔레스적 정점을 향해 부지런히 나아가고 있다. 언제쯤 그 끝에 도달할 것인지, 그리하여 어느 때 다시 플라톤적 정점으로 방향을 틀지 모를 일이다. 하지만 그런 시간이 곧 오리라는 것은 알 수 있다.

지금까지 우리가 되돌아본

2천5백 년의 건축사가 그렇게 말해주고 있다.

에필로그

건축의 역사는 시대마다 다른 양식을 보여준다. 시대마다 서로 다른 것을 아름답다고 평가한다는 말이다. 이렇게 시대에 따라 평가 기준이 달라지는 데는 두 가지 계기가 작동한다. 하나는 같은 것을 보아도 다르게 본다는 것이고, 다른 하나는 같은 것을 보아도 다른 가치로 평가한다는 것이다.

같은 것을 다르게 보는 것은 인간의 본다는 행위가 상당 부분 뇌의 해석에 의존하기 때문이다. 뇌는 자신이 알고 있는 지식과 경험에 비추어 보이는 것을 해석한다. 현대인과 아테네인이 보던 파르테논 신전은 달랐다. 이 책에서 다룬 열 개의 건축물 모두, 지금의 우리와 당시 사람이 보는 것이 달랐다.

사람들의 기호는 그에 부여하는 가치에 좌우된다. 대상과 가치의 관계는 임의적이다. 시간과 공간에 따라 달라질 수 있다. 성 필리베르 수도원의 검소함을 좋아하는 사람이 파리 노트르담 대성당의 화려함을 좋아하기는 어렵다. 물론 그 반대도 마찬가지다. 건물의 아름다움에 대한 호불호는 그 건물이 지어진 시대와 장소를 지배하는 가치에 좌우된다. 그런 가치는 흔히 철학이라는 이름으로 설명된다.

지금까지 서양 건축의 역사를 당대의 지식과 경험, 그리고 철학으로 분석해 봤다. 그 내용을 간단하게 표로 요약해 보자.

표의 '건축 양식'은 현대인의 색안경, '지식과 경험'은 당대인의 색안경, '철학'은 당대인의 가치 기준이다. 파르테논을 현대인은 그리스 건축 양식이라고 보지만, 당대인들은 '원근법'을 통해 소피스트적 가치를 본다. 로마 판테온은 현대인에게는 '로마 건축 양식'이지만 당대인들은 신플라

건물	건축 양식	지식/경험	철학	플라톤 vs. 아리스토텔레스
파르테논 신전	그리스	원근법	소피스트	아리스토텔레스(적)
로마 판테온	로마	형태적 이데아	신플라톤주의	플라톤
성 필리베르 수도원	로마네스크	아우구스티누스의 은총	교부 철학	플라톤
파리 노트르담 대성당	고딕	아퀴나스의 행위	스콜라 철학	아리스토텔레스
파치 예배당	르네상스	형태적 이데아	플라톤 아카데미	플라톤
일 제수 성당	바로크	아퀴나스의 행위	반종교개혁	아리스토텔레스
뒤랑의 계획안	혁명주의	라플라스의 악마	계몽주의	플라톤
빅토리아 앨버트 뮤지엄	절충주의	상대주의	취미론	아리스토텔레스
바이센호프 주택단지	모더니즘	이성	모더니즘	플라톤
시애틀 도서관	해체주의	이성의 해체	해체주의	아리스토텔레스

톤주의의 기반에서 '이데아적 형태'를 본다. 나머지 건축물도 같은 관계가 성립한다. 현대인은 이 건물들을 하나의 역사적 건축 양식이라는 틀을 통해 바라보고, 당대인은 현대인이 직관적으로 인지하지 못 하는 고유한 의미를 읽는다. 이들 건물이 건축 양식이라는 건조한 틀로 박제가 되지 않기 위해서는 그들의 지식, 경험과 당대 철학의 눈을 통해야만 한다.

서양 건축의 역사를 표로 단순화해서 보니, 특별한 것이 두 가지 눈에 띈다. 하나는 플라톤과 아리스토텔레스가 2천5백 년 넘게 사라지지 않고 주역으로 등장한다는 것이고, 다른 하나는 플라톤과 아리스토텔레스가 주도권을 주고받는다는 것이다. 이 두 가지가 진실일까? 진실이라면 왜 그럴까? 표의 유용성을 주장하기 위해서는 이 두 가지에 관한 설명이 필요할 것 같다.

첫 번째, 플라톤과 아리스토텔레스가 서양 건축 미학을 지배하고 있다고 말하는 것이 정말 타당한가? 이를 논의하기 위해 이 책에서 이용한 플라톤과 아리스토텔레스의 철학적 주장을 건축 미학의 관점에서 요약해 보자.

우선 플라톤. 그의 저서 『티마이우스』에서는 데미우르고스가 이데아를 모방하여 물질세계를 형성했다고 한다. 좀 더 구체적으로 말하자면 데미우르고스가 수학적 원리와 기하학적 비례를 사용하여 우주를 창조했다고 한다. 이 데미우르고스를 예술가 혹은 건축가로 볼 수 있다. 그렇다면 건축가는 수학적 원리와 기하학적 비례를 이용하여 건물을 형성하는 사람이다.

이번엔 아리스토텔레스. 그의 저서 『시학』과 『논리학』을 인용할 수 있다. 논리학에서 이렇게 주장한다. 예술가는 특정 상황이나 사건을 모방하여 그 상황의 본질적 특성을 드러낸다. 여기에 『시학』의 이론을 추가할 필요가 있다. 아리스토텔레스는 현실에 존재 불가능한 캐릭터를 짜깁기 방식으로 창조한다. 관객이 현실 세계에서 용인될 수 없는 캐릭터를 받아들이도록 플롯이라는 도구를 사용한다. 아리스토텔레스가 주장하는 모방

행위로서의 예술은 플롯에 의지해서 임의로 창조된 부분을 짜깁기해 이상적인 캐릭터를 창조하는 행위다.

이제 플라톤과 아리스토텔레스의 창작 방식을 비교하자. 플라톤의 이데아는 아리스토텔레스의 이상적인 캐릭터다. 플라톤의 이데아는 수학적 질서와 기하학적 비례를 이용해서 현실로 창조된다. 아리스토텔레스의 특정 상황이나 사건은 플롯을 이용해 이상적인 캐릭터로 창조된다. 이런 유비 관계를 건축설계에 적용해 보자. 플라톤이라면 이데아를 구성하는 원칙을 세우고, 그 원칙에 맞게 부분을 배치한다. 아리스토텔레스라면 부분을 플롯에 맞게 짜깁기해 이데아를 지향한다. 이 둘의 방법을 다른 용어로 표현하면 다음과 같다.

플라톤이 결정론적이라면, 아리스토텔레스는 비결정론적이다. 사람이 생각을 해내야 할 대상, 즉 눈앞의 문제는 딱 이 두 가지 종류다. 플라톤과 아리스토텔레스가 2천5백 년 넘게 인용되고 있다고 말할 때, '정말 그럴까' 의심이 들기도 하지만, 인간이 눈앞에 닥친 문제를 이 두 가지 방식으로 이해하는 태도가 수천 년 넘게 인용되고 있다고 말하면 믿기 어려운 것이 아니다.

우리가 살펴본 건축물 중에서 이 두 가지 태도의 예를 찾을 수 있다. 결정론의 대표는 르 코르뷔지에의 바이센호프지들룽이다. 그는 이 작품을 통해 '새로운 건축의 5원칙'이라는 것을 제시한다. 말 그대로 원칙이다. 그가 말하는 5원칙은 자유로운 평면·자유로운 입면·필로티·가로로 긴 창·옥상정원이다. 원칙을 제시하고 그것에 충실하게 따르는 결정론적 태도는 당연히 르 코르뷔지에에게서만 발견되는 것이 아니다. 이런 결정론적 태도는 로마 판테온에서, 성 필리베르에서, 파치 예배당에서 그리고 뒤랑의 파리 판테온 계획안에서도 찾을 수 있다.

비결정론적 태도의 대표는 콜하스의 시애틀 도서관이다. 여기서 콜하스는 원칙 같은 것은 고려하지 않는다. 모든 세부적인 설계는 그저 상황에 대한 반응이다. 시애틀 도서관의 외부 형태가 무슨 원칙에서 나왔겠는가? 또 내부의 공간 형태가 특정한 원칙을 적용해 만들어질 수 있는 것인가? 외부든, 내부 공간 형태든, 무엇이든 던져 놓고 나서 그것이 마음에 드는지, 아닌지를 결정하는 것일뿐 이미 결정된 원칙을 적용해 만들어지지는 않는다. 플라톤과 아리스토텔레스의 예술론을 결정론과 비결정론으로 본다면 이들은 이미 2천5백 년을 살아남았고, 앞으로도 그럴 것 같다. 위 표에 대한 의문 중 하나를 해결했다.

두 번째, 건축 경향은 왜 플라톤과 아리스토텔레스 사이를 오가는 것일까? 한 가지 사례로 얘기를 풀어보자. 이탈리아반도에서, 특히 피렌체에서 르네상스 양식이 태어났다. 한동안 선풍적이었다. 하지만 지속 기간이 길지는 않았다. 어느 날 갑자기라고 해도 좋을 정도로 르네상스 양식은 바로크 양식에 밀려났다. 왜라고 묻지 않을 수 없다. 이러한 의문에 스스로 답을 낸 사람이 있다. 하인리히 뵐플린이다. 그는 사람들이 르네상스 양식에 대해 '무감각해졌다(blunt)'라고 주장하며 그래서 바로크가 시작되었다고 답한다. 다른 말로 하자면 흥미를 잃었다는 것인데, 이것은 결정적인 답은 되지 못한다. 그런 식의 답에는 도돌이표처럼 처음과 같은 질문이 나오기 때문이다. 왜 흥미를 잃게 되었는데?

유명한 미술사학자도 주지 못한 답을 내보려고 하는 시도가 무모하게 보일 수도 있겠지만 뷜플린보다 우리가 유리한 점도 많다. 심리학과 뇌과학의 발전이다. 우선 심리학에서 단서를 찾아보자. 한나 비트만의 실험이 있다.[117] 이 실험이 말해주는 것은 사람들은 설령 손해를 보더라도 새로운 것에 더 끌린다는 점이다. 이 실험을 끌어오면 싫증이라는 것을 상당 부분 설명할 수 있다. 이번엔 뇌과학이다. 사람들은 움직이는 것에 민감하다. CCTV를 예로 들어보자. 한 화면에서 열두 장면이 보인다. 그중 하나의 장면에서 움직이는 사람이 등장한다면 사람들은 금세 그것을 찾아낸다. 움직이는 것에 잘 반응한다는 증거이고, 움직임을 변화로 바꾸어 말해도 큰 무리는 없을 것이다. 사람의 뇌는 변화에 민감하다. 이유는 이렇게 설명한다. 변화에 민감해야 생존 가능성이 커진다. 변화가 없다는 것은 현재 상태에서는 위협이 없다는 것을 의미한다. 또는 생존 가능성을 높일 새로운 대상이 나타나는 것도 아니라는 것을 의미한다. 이럴 경우라면 의도적으로 무시하게 만들어야 한다. 그래야 주의력이라는 한정된 뇌의 자원을 생존 가능성을 높이는 방향으로 유용하게 사용할 수 있다. 의도적으로 무시하게 만드는 방법이 싫증이다. 싫증은 나쁜 것이 아니다. 이게 없으면 뇌의 한정된 자원인 주의력을 제대로 활용할 수 없게 된다.

플라톤이 지속되면 싫증을 느끼게 된다. 아리스토텔레스가 지속돼도 마찬가지다. 하지만 이렇게만 설명하면 반만 답이 된 것이다. 플라톤이 싫다고 해서 꼭 아리스토텔레스로 돌아가라는 법이 있는가? 이런 질문이 이어질 수 있다. 이렇게 답해 보면 어떨까? 첫 번째에서 얘기한 것처럼, 우리는 두 가지 방식만 사용한다. 즉 선택지가 둘뿐이다. 결정론적이거나 비결정론적이거나. 결정론적인 것이 싫증 나면 비결정론적인 것으로 되돌아가는 길밖에 없다. 플라톤이 싫증 나면 아리스토텔레스로 향하는 이유다. 이로써 표에 대한 두 번째 의문에 답했다.

이제 프롤로그에서 던진 질문에 관해 얘기할 수 있을 것 같다. 건축의 역사를 플라톤과 아리스토텔레스의 반복으로 읽어보았다. 이제 미적 절대주의를 플라톤과, 미적 상대주의를 아리스토텔레스와 연결한다면 그 의문에 대한 답을 얻을 수 있다.

플라톤의 미학 이론이 미학사에 등장하는 미적 절대주의만큼 구체적이지는 않다. 미적 절대주의의 비례와 같은 구체적 방법론을 전혀 제시하지 못한다. 하지만 플라톤의 미학 이론이나 미적 절대주의 모두, 미를 구성하는 절대적인 원리의 존재를 인정한다는 측면에서 보면 동일하다.

시학에서 분명하게 보이는 아리스토텔레스의 미학 이론은 현대의 미적 상대주의만큼이나 구체적이다. 미의 다양한 존재 방식을 인정하고, 그것들을 상황에 따라 조합해 미를 추구한다는 측면에서 보면 현대의 미적 상대주의와 아리스토텔레스의 미학 이론은 같은 맥락에 있다.

과거 건축의 역사가 플라톤과 아리스토텔레스 사이를 오고 갔던 것처럼, 미래에도 플라톤과 아리스토텔레스 사이를 오고 갈 것이다. 이는 곧 예술작품 감상자는 미적 절대주의와 미적 상대주의를 오갈 것이라는 믿음을 갖게 한다. 우리는 지금 미적 상대주의의 정점에 도달해 있다.

이제 서서히 미적 절대주의로 기울어지는 운동이 시작될 것이다.

참고문헌

1 Randall, Amanda Mackenzie (2006). Consuelo and Alva Vanderbilt: The Story of a Daughter and a Mother in the Gilded Age. Stuart. pp. 431-435.

2 아모스 라포포트, 주거형태와 문화, 열화당 1985.07.01.

3 Richard Nisbett, The Geography of Thought: How Asians and Westerns Think Differently...and Why, New York : Free Press, 2003. pp. 86-96.

4 Richard Nisbett, The Geography of Thought: How Asians and Westerns Think Differently...and Why, New York : Free Press, 2003. pp. 48-56.

5 파르테논 신전의 규모에 관한 정보는 https://www.newworldencyclopedia.org/entry/Parthenon#google_vignette 참조.

6 J. J. Coulton, Ancient Greek Architects at Work, Ithaca, N.Y.: Cornell University Press, 1977. p. 46. 그림 참조.

7 Hurwit, Jeffrey M., The Athenian Acropolis, Cambridge University Press, 1999. p. 37.

8 Hurwit, Jeffrey M., The Athenian Acropolis, Cambridge University Press, 1999. p. 39.

9 Brinkmann, Vinzenz(edited.), Gods in color: polychromy in the ancient world, San Francisco : Fine Arts Museums of San Francisco, Legion of Honor ; Munich ; New York : DelMonico Books, Prestel, 2017. pp. 16-19.

10 https://mygreece.tv/impressive-images-parthenon-colored/

11 Flaceliere, Robert, Greek oracles, London, Elek Books, 1965. pp. 38-41.

12 Scully, Vincent, Jr., The earth, the temple, and the gods: Greek sacred architecture, New Haven: Yale University Press, 1979. pp. 1-2.

13 Dinsmoor, William Bell, The architecture of ancient Greece, London; New York: B.T. Batsford Ltd, 1950. pp. 164-169. 와 J. J. Coulton, Ancient Greek Architects at Work, Ithaca, N.Y.: Cornell University Press, 1977. pp. 108-111. 참조.

14 Vitruvius, The Ten Books on Architecture(translated by Morris Hicky Morgan), Book III, Chapter 3, Section 12~13. pp. 85 ~ 86. Harvard University Press, Cambridge, 1914

15 Kendra C. Smith, Richard A. Abrams, Motion onset really does capture attention, "Attention, Perception, & Psychophysics(2018)" 80:1755-1784.

16 뮬러-라이어 실험 통계 자료는 Segall, Marshall H., The influence of culture on visual perception, Indianapolis: Bobbs-Merrill Co., 1966. pp. 158-159 참조. 실험 결과의 해석과 관련해서는 pp. 84-89. 참조.

17 Pollitt, J.J., Art and experience in classical Greece, Cambridgr[England]: Cambridge University Press, 1972. p. 84.

18 Mansfield, Elizabeth, Too beautiful to picture: Zeuxis, myth, and mimesis, Minneapolis: University of Minnesota Press, 2007. pp. 26-27.

19 Vitruvius, The Ten Books on Architecture(translated by Morris Hicky Morgan), Book IV, Chapter VIII, pp.. Harvard University Press, Cambridge, 1914. p. 89.

20 Marcus Tullius Cicero(translated by C.D. Yonge, 1853), On Invention, Book 2, section 1.

21 Vitruvius, The Ten Books on Architecture(translated by Morris Hicky Morgan), Harvard University Press, Cambridge, 1914. p. 84.

22 Jaeger, Werner, Paideua: the ideals of Greek culture(translated by Gilbert Highet), New York: Oxford University Press, 1965. p. 298. p. 305.와 David T. Hansen, Megan J. Laverty(edit.), The Sophistic Movement and the Frenzy of a New Education in A History of Western Philosophy of Education,Bloomsbury, 2021. 의 Introduction: The frenzy of a new education 참조.

23 Plato, Theaetetus 152a.

24 Copleston, Frederick C., A history of philosophy, Westminster, Maryland: Newman Press, 1950-1966. pp. 25-27.

25 Bacon, Edmund N., Design of cities, New York: Vikinf Press, 1974. pp. 131-141.

26 https://www.eitchborromini.com/en/Pantheon-an-architectural-miracle/

27 MacDonald, William L. (1976). The Pantheon: Design, Meaning, and Progeny. Cambridge, MA: Harvard University Press. pp. 18-19.

28 http://www.famous-historic-buildings.org.uk/pantheon.html

29 MacDonald, William L. (1976). The Pantheon: Design, Meaning, and Progeny. Cambridge, MA: Harvard University Press. p. 20.

30 MacDonald, William L. (1976). The Pantheon: Design, Meaning, and Progeny. Cambridge, MA: Harvard University Press. p. 22.

31 Otto Lueger, Lexikon def Gesamten Technik, 1904.

32 Vitruvius, The Ten Books on Architecture(translated by Morris Hicky Morgan), Book IV, Chapter VIII, pp. 122~125. Harvard University Press, Cambridge, 1914

33 Birley, Anthony, Hadrian: Restless Emperor, pp. 16-17, London, New York, NY: Routledge, 1997. pp. 63-64.

34 https://www.britannica.com/story/how-did-greek-culture-influence-hadrian

35 Plato, Timaeus, Translated by Donald J. Zeyl, Hackett Publishing Company, 2000, 33b.

36 Dodds, E. R., Pagan and Christian in an age of anxiety: some aspects of religious experience from Marcus Aurelius to Constantine, Cambridgr: Cambridge University Press, 1965. pp. 127-130., Kelly, J. N. D., Early Christian doctrines, London: A. & C. Black, 1958. pp. 15-17.

37 https://repository.library.georgetown.edu/handle/10822/551080

38 Panofsky, Erwin, Gothic Architecture and Scholasticism, Cleveland; Nw York: Meridian Books(The World Publishing Company), 1970. pp. 79-81.

39 https://www.tournus.fr/le-site-abbatial-de-saint-philibert

40 Crostini, Barbara, Keeping Everyone on Board: Gregory the Great's 'Theory of Iconoclasm' in European Review, Vol. 30, No. S1, S47-S53. Cambridge University Press on behalf of Academia Europaea, 2022.

41 Kelly, J. N. D., Early Christian doctrines, London: A. & C. Black, 1958. pp. 271-279.

42 Jedin, Hubert, A History of the Council of Trent(translated by Dom Ernest Grad O.S.B.), Vol. 2. London; Edinburgh; Paris; Melbourne; Tronto & New York: Thomas Nelson and Sons Ltd., 1961. pp. 307-308.

43 Risebero, Bill, The story of Western architecture, London: Herbert, 2011. pp. 100-102.

44 프랑스 관광청 공식 사이트 https://www.france.fr/ko/article/49217/

45 Strafford, Peter, Romanesque Churches of France, Giles de la Mare Publishers Limited, 2005. p. 12.,

46 Watkin, David, A history of Western architecture, London: Laurence King Publishing, 2015. p. 127.

47 https://www.archinform.net/projekte/11371.htm#11031f076b7721617bd4ebcfa71ff6a0

48 Paolo Vannucci, Filippo Masi, Ioannis Stefanou, A nonlinear approach to the wind strength of Gothic Cathedrals: The case of Notre Dame of Paris, "Engineering Structures" March 2019, 183:860-873. 에 실린 단면도 참조.

49 Thomas Aquinas, Summa Theologica, ST,III, Q. 1-6. 참조

50 Kallistos, Bishop of Diokleia, The Orthodox Church: an introduction to Eastern Christianity, [London]: Penguin Books, 2015. pp. 29-33.

51 Davis-Weyer, Caecilia, Early Medieval Art 300-1150, Toronto; Buffalo; London: Unversity of Toronto Press, 1986. p. 47.

52 Copleston, Frederick C., A history of medieval philosophy, New York, Harper & Row, 1972. pp. 188-189, p. 199., D'Arcy, Martin Cyril, Thomas Aquinas, Boston, Little, Brown, & Co., 1930. p. 31.

53 Copleston, Frederick C., A history of medieval philosophy, New York, Harper & Row, 1972. pp. 179-181, p. 190.

54 Panofsky, Erwin, Gothic Architecture and Scholasticism, Cleveland; Nw York: Meridian Books(The World Publishing Company), 1970. p. 6.

55 https://www.arttrav.com/florence/pazzi-chapel/

56 Rubenstein, Richard E., Aristotle's children: how Christians, Muslims, and Jews rediscovered ancient wisdom and illuminated the Dark Ages, Orland, Fra.: Harcourt, 2003. pp. 12-22.

57 Hankins, James, Plato in the Italian Renaissance, Leiden; New York: E.J. Brill, 1990. vol. 1. pp. 4-5.

58 Field, Arthur, The origins of the Platonic Academy of Florence, Princeton, N. J.: Princeton University Press, 1988. pp. 175-201.

59 Plato, Timaeus, 31a-c. 우주를 수와 비례로 만듦에 관한 내용 참조.

60 Wölfflin, Heinrich, Renaissance and Baroque, p. 24. Ithaca, New York: Cornell University Press, 1964. p.24.

61 Wöllfflin, Heinrich, Renaissance and Baroque, p. 24. Ithaca, New York: Cornell University Press, 1964. p. 82.

62 르네상스에서 바로크로의 전환 관련 내용은 Wöllfflin, Heinrich, Renaissance and Baroque, p. 24. Ithaca, New York: Cornell University Press, 1964. pp. 71-88. 참조.

63 Wöllfflin, Heinrich, Renaissance and Baroque, p. 24. Ithaca, New York: Cornell University Press, 1964. p. 23.

64 Robertson, Clare, Rome 1600: The city and the visual arts under Clement VIII, New Haven; London: Yale University Press, 2015. p.186.

65 '무게감', '장엄함', '움직임', '회화적'은 뵐플린이 바로크 예술의 특징으로 거론하고 있는 속성들이다. 관련된 내용은 Wöllfflin, Heinrich, Renaissance and Baroque, p. 24. Ithaca, New York: Cornell University Press, 1964. 참조.

66 Heydenreich, Ludwig H., Lotz, Wolfgang, Architecture in Italy 1400 to 1600, Penguin Books, 1974. p. 273.

67 Wöllfflin, Heinrich, Renaissance and Baroque, p. 24. Ithaca, New York: Cornell University Press, 1964. pp. 27-70.

68 Jedin, Hubert, A History of the Council of Trent(translated by Dom Ernest Grad O.S.B.), Vol. 2. London; Edinburgh; Paris; Melbourne; Tronto & New York: Thomas Nelson and Sons Ltd., 1961. pp. 307-308.

69 Levering, Matthew; Plested, Marcus(ed.), The Oxford Handbook of the Reception of Aquinas, pp. 159-172.

70 1814년 라플라스가 그의 에세이, 「대략적인 혹은 과학적인 결정론의 표현」에서 사용한 어떤 과거나 미래의 물리값을 알아낼 수 있는 존재를 지시하기 위해 사용한 용어.

71 Bernard Jaffe, "Michelson and the Speed of Light" 1960.

72 독일 작가 괴테 또한 그들 중 한명이었다. 관련 내용 Goethe, Johann Wolfgang von, Italian Journey, New York, NY: Suhrkamp Publishers New York, 1989. 참조.

73 배형민, 현대건축에서 그리드와 축에 관한 연구, 건축역사연구 2002. 12. pp. 100-104

74 배형민, 현대건축에서 그리드와 축에 관한 연구, 건축역사연구 2002. 12. p. 102.

75 Durand, Precis of the Lectures on Architecture(English Translation), 2000.

76 Jean-Nicolas-Louis Durand(Introduction by Antoine Picon Translation by David Britt), Precis of the Lectures on Architecture, Published by the Getty Research Institute, 2000. p. 42.

77 Palladio, Andrea, The four books on architecture, Cambridge(Mass.): MIT Press, 1997. p. 5.

78 Rykwert, Joseph, Ten Books on Architecture by Leone Battista Alberti, London: Alec Tiranti Ltd. 1955. pp. v-vi.

79 Smith, Norman Kemp, The philosophy of David Hume: a critical study of its origins and central doctrines, London: Macmillan and Co., 1960. pp. 357-363.

80 임마누엘 칸트, 순수이성비판 1, 2(백종현 역), 아카넷, 2006.

81 임마누엘 칸트, 판단력 비판(백종현 역), 아카넷, 2009.

82 Bonner, Jay, Islamic geometric patterns: their historical development and traditional methods of construction, New York: Springer, 2017. p. 1.

83 Mango, Cyril A., Byzantine architecture, Milan: Electa Editrice; New York: Rizzoli, 1985. p. 70.

84 Pevsner, Nikolaus, An Outline of European Architecture, Baltimore, Penguin Books, 1960. p. 267., Pevsner, Nikolaus, Pioneers of modern design from William Morris to Walter Gropius, New York: Museum of Modern Art, 1949. pp. 52-56., pp. 63-65.

85 Pevsner, Nikolaus, An Outline of European Architecture, Baltimore, Penguin Books, 1960. pp. 267-269.

86 "Victoria and Albert Museum: Quadrangle". Royal Institute of British Architects. Archived from the original on 7 April 2012. Retrieved 16 December 2010.

87 Hume, David, Essays moral, political, and literary, London, New York [etc] Longmans, Green, and Co., 1898. Vol 6. pp. 268-269.

88 Aristotle, Poetics, 1448a.

89 Aristotle, Poetics, 1448b.

90 루트 2를 계산하기 위해서는 루트 2의 값을 추정하고 그것을 제곱해서 2의 값과 비교한다. 2보다 크면 기존 추정값보다 작은 값으로 다시 추정, 2보다 작으면 기존 추정값보다 큰 값으로 추정한 후, 제곱해서 2와 비교하는 과정을 반복한다. 다른 방법도 있다. 뉴튼-랩슨 방법(Newton-Raphson Method)이다. 점화식을 이용하는 이 방법은 추정이라는 과정을 항상 반복하지는 않지만, 최초 값을 추정에서부터 시작해야 하는 것은 전자의 방법과 마찬가지다. 결국 루트 2는 반복되는 추정에 의해서만 정확한 값을 얻을 수 있다.

91 Pommer, Richard, Weissenhof 1927 and the modern movement in architecture, Chicago: University of Chicago, 1991. p. 137.

92 Pommer, Richard, Weissenhof 1927 and the modern movement in architecture, Chicago: University of Chicago, 1991. Illustrations 239.

93 독일 모더니즘의 사회주의적 경향은 바우하우스 운동에서 찾아볼 수 있다. 관련 내용은 Forgäcs, Ëva, The Bauhaus idea and Bauhaus politics, Budapest; New York: Central European University Press; New York: Distributded by Oxford University Press, 1995. p. 161. 참조.

94 봉일범, 김광현, 르 꼬르뷔제의 '새로운 건축의 5원칙'의 수정과정에 관한 연구, 대한건축학회 논문집 1997.10.25. p. 367.

95 https://weissenhofmuseum.de/en/siedlung/

96 Kates, Gary(edit.), The French Revolution: Recent debates and new controversies, London; New York; Routledge, 1998. pp. 157-191.

97 Long, Christopher, The Looshaus, New Haven[Conn.]: Yale University Press, 2011. pp. 96-98.

98 Vergo, Peter, Art in Vienna 1898-1918, London: Phaidon, 1975. p. 85.

99 Kirsch, Karin, The Weissenhofsiedlung: experimental housing built for the Deotscher Werkbund, Stuttgart, 1927, Stuttgart; London: Edition Axel Menges, 2013. p. 17.

100 Campbell, Joan, The German Werkbund: th politics of reform in the applied arts, Princeton, N.J.: Princeton University Press, 1978. pp. 9-11.

101 Campbell, Joan, The German Werkbund: th politics of reform in the applied arts, Princeton, N.J.: Princeton University Press, 1978.p. 49.

102 가장 대표적인 사례는 르 코르뷔지에의『건축을 향하여』라고 할 수 있다. Le Corbusier, Toward an architecture(translation by John Goodman), Los Angeles, Calif.: Getty Research Institute, 2007. pp. 82-83., p. 89.

103 임마누엘 칸트, 순수이성비판, (백종현 역), 아카넷

104 Plato, Phaedrus, 246e-247d.

105 이상현, 건축 300년, 효형출판, 2023. pp. 87-102.

106 이상현, 건축 300년, 효형출판, 2023. pp. 198-315.

107 Beiser, Frederick, German idealism: the struggle against subjectivism, Cambridgr, Mass.: Harvard University Press, 2002. pp.553-557.

108 Popper, Karl R., The open society and its enemies, Princeton, N.J., Princeton University Press, 1966. Vol. 2. p. 204.

109 Held, David, Introduction to critical theory: Horkheimer to Habermas, London; Melbourne; Sydney; Auckland; Johanesburg: Hutchinson, 1980. pp. 253-259.

110 Non Arkaraprasertkul (2009) On Fredric Jameson, Architectural Theory Review, 14:1, 79-94, DOI: 10.1080/13264820902741011, pp. 87-89.

111 Jameson, Fredric, The cultural turn: selected writings on the postmodernism, 1983-1998, London; New York: Verso, 1998. p. 10.

112 Ludwig Josef Johann Wittgenstein, Tractatus Logico-Philosophicus(translated by C. K. Ogdon), Produced by Jana Srna, Norbert H. Langkau, and the Online, 2010. 7 "Whereof one cannot speak, thereof one must be silent."

113 Williams, James, Gilles Deleuze's philosophy of time: a critical introduction and guide, Edinburgh: Edinburgh University Press, 2011. pp. 68-76.

114 이상현, 건축 300년, 효형출판, 2023. pp. 308-315.

115 5개의 'stable' 한 기능 공간은 직육면체로, 그것들을 연결하는 'unstable' 한 공간들은 비정형 3차원 입방체로 표현하고 있다. 이들 두 유형의 조합은 기존의 직육면체에 기반한 형태를 해체하고 있다. 관련 내용은 Kubo, Michael; Prat, Ramon;(edit.), Seattle Public Library, OMA/LMN, Barcelona: Actar, 2005. p. 26. 참조.

116 렘 콜하스는 도서관을 더 이상 책을 보관하는 장소로 보지 않는다. 그보다는 다양한 형식의 정보를 저장하는 공간으로 본다. 이를 위해서 그는 전통적인 기능을 해체하고 있다. 관련된 내용은 Kubo, Michael; Prat, Ramon;(edit.), Seattle Public Library, OMA/LMN, Barcelona: Actar, 2005. p. 19. 참조.

117 Wittmann, B. C., Daw, N. D., Seymour, B., & Dolan, R. J. (2008). Striatal activity underlies novelty-based choice in humans. Neuron, 58(6), 967-973.

사진 저작권

대부분은 Wikimedia Commons 등 누구든 게재 가능한 이미지로 실었다.
뒤랑의 파리 판테온 도면 등 인터넷에서 찾기 힘든 자료의 경우, 참고문헌이 출처다.
저작권자 표기가 반드시 필요한 경우에만 아래에 적었다.

48p Brasilnaitalia

94p Bradley Weber / Flickr

101p Julien De Rosa / Getty Images

191p V&A IMAGES

건축으로 미학하기

1판 1쇄 인쇄 | 2025년 5월 30일
1판 1쇄 발행 | 2025년 6월 10일

지은이 이상현

펴낸이 송영만
책임편집 송형근
디자인 오정원
마케팅 임정현

펴낸곳 효형출판
출판등록 1994년 9월 16일 제406-2003-031호
주소 10881 경기도 파주시 회동길 125-11
전자우편 editor@hyohyung.co.kr
홈페이지 www.hyohyung.co.kr
전화 031 955 7600

ISBN 978-89-5872-240-3(03540)

값 22,000원